昆明市第十中学求实系列丛书

主　　编　饶冬梅　姜　苹　张青松

副主编　宁欢欢

参　　编　张顺发　钱卫芳　李　佳　刘文原　葛　敏　张林振
李云臻　单　慧　杨金润　山泽丽　和丽萍

中国人民大学出版社
·北京·

图书在版编目（CIP）数据

探秘植物世界 / 饶冬梅，姜苹，张青松主编. -- 北京：中国人民大学出版社，2023.6
ISBN 978-7-300-31684-0

Ⅰ.①探… Ⅱ.①饶… ②姜… ③张… Ⅲ.①植物－普及读物 Ⅳ.① Q94-49

中国国家版本馆 CIP 数据核字（2023）第 079401 号

昆明市第十中学求实系列丛书
探秘植物世界
主　编　饶冬梅　姜　苹　张青松
副主编　宁欢欢
参　编　张顺发　钱卫芳　李　佳　刘文原　葛　敏　张林振
　　　　李云臻　单　慧　杨金润　山泽丽　和丽萍
Tanmi Zhiwu Shijie

出版发行　中国人民大学出版社
社　　址　北京中关村大街31号　　　　邮政编码　100080
电　　话　010－62511242（总编室）　　010－62511770（质管部）
　　　　　010－82501766（邮购部）　　010－62514148（门市部）
　　　　　010－62515195（发行公司）　010－62515275（盗版举报）
网　　址　http://www.crup.com.cn
经　　销　新华书店
印　　刷　北京瑞禾彩色印刷有限公司
开　　本　787 mm × 1092 mm　1/16　　版　　次　2023 年 6 月第 1 版
印　　张　11.25　　　　　　　　　　　印　　次　2023 年 6 月第 1 次印刷
字　　数　178 000　　　　　　　　　　定　　价　52.00 元

序

地球生命共同体是人类的家园，更是植物、动物、微生物的共同家园。35 亿年前，植物从无到有、从简单到复杂、从水生到陆生，开启了地球生物的演化历史。植物的光合作用是一种新的能量转化途径，大量增加了地球上有机物的总量，为动物的出现奠定了基础。植物成为地球上其他所有生物包括人类在内得以生存维系的根本，使得地球成为一颗生机盎然的绿色星球。

本书以昆明市第十中学求实校区为起点探秘植物，将科学素养的提升带到了校园中。书中解密了校园里的植物世界、植物的微观“真面目”、植物的“传宗接代”、植物的“私生活”、植物的“大家族”等，使同学们在校园内便可开启一场沉浸式的植物探秘之旅，通过丰富多彩的探秘活动、同学们的学习作品与实践成果的展示，让同学们深入了解植物的价值、植物与人类生活的关系、植物保护与国家命运之间的联系。

作为昆明市第十中学的学子，在我读书期间，校园的一草一树引发了我对生物学科的兴趣，每位辛勤付出的老师润物细无声地在我心中播种下了科学的种子，使我毕业后从事生物多样性保护与科普的工作。在本书付梓之际，向辛勤为本书付出的老师们表达敬意与祝贺，并非常荣幸有机会向大家推荐《探秘植物世界》这一本不可多得的初中生物校本课程教材。

“为天地立心，为生民立命”，让我们携手开启“探秘植物世界”之旅，一起关心植物，一起守护绿色家园，一起谱写美丽中国的新篇章！

中国科学院昆明动物研究所高级工程师　李维薇

2023 年 4 月

目录

第1章

认识植物

探　秘　植　物　世　界

1.1 认识身边的植物——走进昆十中求实校区

问题探讨

生物圈中已知的绿色植物有50余万种，可分为四大类群：藻类、苔藓、蕨类和种子植物。它们的形态结构、生活方式各不相同。藻类、苔藓和蕨类通过孢子繁殖，统称为孢子植物。种子植物通过种子繁殖，可分为裸子植物和被子植物两大类。裸子植物的种子裸露，被子植物的种子有果皮包被。

云南省昆明市第十中学（以下简称昆十中）求实校区的校园内植物种类丰富，有的还是植物界的“活化石”和国家一级保护植物。本节将以校园内的10种植物为例来认识身边的植物，让我们一起来了解和学习吧！

讨论：从植物分类上看，这10种植物属于哪种类群？

昆十中求实校区

昆十中求实校区校园一角

昆十中求实校区校园优美，植物种类繁多，是同学们认识植物、学习植物相关知识的好地方，下面就带领同学们认识校园中的几种植物。

珙桐 别名：水梨子、鸽子树、鸽子花树等。珙桐为珙桐科、珙桐属植物，落叶乔木，高15～25米，花色奇美，花形酷似展翅飞翔的白鸽，叶子广卵形，边缘有锯齿，是1 000万年前新生代第三纪留下的孑遗植物。在第四纪冰川时期，大部分地区的珙桐相继灭绝，只有在中国南方的一些地区幸存下来。野生种主要分布在中国四川省、湖北省和陕西省及周边地区。珙桐有植物界“活化石”之称，是我国国家一级保护植物，为中国特有的植物之一，也是全世界著名的观赏植物。

珙桐

珙桐的花

银杏 别名：白果树、公孙树等。银杏为银杏科、银杏属植物，是裸子植物中唯一一种阔叶落叶乔木，叶子扇形，球花，雌雄异株。银杏树的种子俗称“白果”，因此银杏又名白果树。银杏树是第四纪冰川运动后遗留下来的最古老的裸子植物，是植物界的“活化石”，具有观赏、经济和药用价值。中国不仅是银杏的故乡，也是栽培、利用和研究银杏最早的国家之一。

银杏

银杏的叶

水杉 别名：水桫树。水杉为杉科、水杉属植物，落叶乔木，高 40～50 米，叶对生、扁平、柔软、淡绿色，在脱落性小枝上列成羽状。水杉喜光，生长迅速，主干通直，对土壤要求比较高，须土层深厚、疏松、肥沃和湿润的土壤。水杉是中国特有树种，分布在我国华南、华东和华北部分地区。水杉是国家一级保护植物，也是优秀的产材树种，经济价值高，用途较为广泛。水杉对空气中的二氧化硫等有害气体及粉尘具有较强的吸滞能力，因此常被选为城市绿化、园林绿化和校园绿化树种。

水杉

水杉的叶

蓝花楹 别名：蓝雾树、巴西紫葳、紫云木等。蓝花楹为紫葳科、蓝花楹属植物，落叶乔木，树冠高大，叶对生，花蓝色，花序长达 30 厘米，直径约 18 厘米，花萼筒状，花期 5～6 个月。蓝花楹好温暖气候，宜种植于阳光充足的地方，对土壤条件要求不高，在中性和微酸性的土壤中都能生长良好。蓝花楹是观叶和观花树种，原产南美洲巴西，中国近年来引种栽培供观赏，在昆明常被选为行道树或小区、校园绿化树种。

蓝花楹

蓝花楹的花

四照花 别名：山荔枝、鸡素果、羊梅、凋零树等。四照花为山茱萸科、四照花属植物，原产东亚，落叶乔木，喜温暖气候和阴湿环境，适合生长在肥沃且排水良好的土壤中。四照花因花序外有 2 对黄白色花瓣，光彩四照而得名。四照花树形美观，叶片光亮，入秋变红，秋季红果满树，硕果累累。四照花春赏亮叶，夏观玉花，秋看红果和红叶，是一种极其美丽的观花、观叶和观果植物，又因其果实营养丰富可食用，部分可入药，所以是一种重要的经济树种。

四照花

四照花的花

桂花 别名：木樨、九里香、岩桂等。桂花为木樨科、木樨属植物，常绿灌木或小乔木，叶长椭圆形，对生，最具代表性的有金桂、银桂、丹桂和月桂等。桂花生长于亚热带气候地区，性喜温暖、湿润，适宜栽种在通风透光的地方，是集绿化、美化和香化于一体的观赏树种。桂花清可绝尘，浓能远溢，堪称一绝，自古就深受中国人

桂花

桂花的花

的喜爱，是中国传统十大名花之一。以桂花为原料制作的桂花茶是中国特产茶，它香气柔和、味道可口，为大众所喜爱。

枫香树 别名：百日柴、边柴、路路通等。枫香树为金缕梅科、枫香树属植物，落叶乔木，高达 30 米，胸径可达 1 米，树皮灰褐色，喜温暖湿润气候，并且喜光和耐干旱。枫香树产于中国秦岭及淮河以南各省，越南北部、老挝及朝鲜南部有种植。枫香树脂可供药用，能解毒止痛、止血生肌等；根、叶及果实均可入药，有祛风除湿、通络活血的功效；木材稍坚硬，可制家具及贵重商品的装箱。枫香树常在园林中栽作庭院树，也常在山坡、池畔与其他树木混植，秋季红绿相衬，显得格外漂亮美丽。

枫香树（绿叶）

枫香树（红叶）

苏铁 别名：铁树、辟火蕉、凤尾蕉等。苏铁为苏铁科、苏铁属植物。关于苏铁的名字有两种说法：第一种是因其木质密度大，入水即沉，沉重如铁而得名；第二种是因其生长需要大量铁元素，故而得名。苏铁现广泛分布于中国、日本、菲律宾和印度尼西亚等国家。苏铁为雌雄异株，最为出名的是它的开花，被称为“铁树开花”。苏铁喜湿润的环境，不耐寒冷，生长较慢，寿命约 200 年，栽培极为普遍，常作观赏树种。苏铁的茎内含淀粉，可供食用；种子含油和丰富的淀粉，有微毒，可供食用和药用，有治痢疾、止咳和止血之效。

苏铁

苏铁的种子

山楂　别名：山里红、山里果等。山楂为蔷薇科、山楂属植物，落叶乔木，树冠整齐，树枝繁茂，叶色深绿。山楂树适应能力强，生于向阳山坡或山地灌木丛中，容易栽培，主要产于我国江苏、浙江、云南和四川等地。山楂是观花观果兼食用的优良树种，初夏时山楂满树白花，清新素雅，入秋后红果累累，艳丽可爱。山楂果实营养丰富，含有多种维生素，有降血压、帮助消化等多种功效。

山楂

山楂的果实

肾蕨　别名：圆羊齿、蜈蚣草等。肾蕨为肾蕨科、肾蕨属植物，原产热带和亚热带地区，分布于我国台湾、广东、海南和云南等地。根状茎短而直立，披针形鳞片，

肾蕨

红棕色，叶簇生，叶柄坚实，常生于溪边林下的石缝中或树干上。肾蕨喜温暖潮湿和半阴环境，忌阳光直射，养护与繁殖技术简单，病虫害较少，极易成活，常被栽植于庭园供观赏用，具有观赏和药用价值。肾蕨的背面有大量孢子囊，里面有很多孢子。孢子是一种生殖细胞，可用来繁殖后代。

肾蕨的孢子囊群

探究·实践

昆十中求实校区校园中有很多植物，植物上还挂着牌子，方便人们认识。让我们走进校园，一起做一个调查活动，看看谁调查、认识的植物最多。

昆十中求实校区校园植物调查表

调查时间:　　　　　　　　　　　　　　　　　调查人:

序号	植物名称	生活环境	数量	备注
1				
2				
3				
4				
5				
6				
7				
8				
9				
10				
11				
12				
13				
14				

植物小百科

衣藻，又称单衣藻，隶属于绿藻门、衣藻科，为单细胞，圆形或卵形，前端有两条等长的鞭毛，能在水中游动。

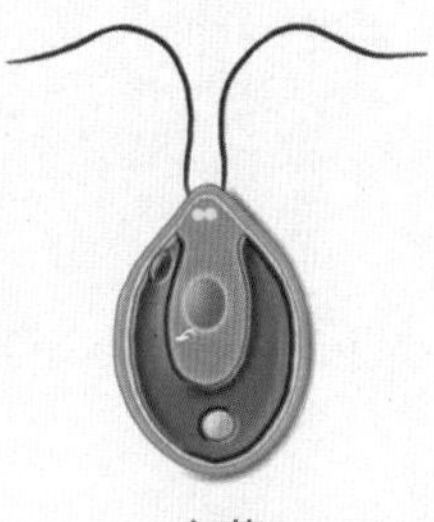
衣藻

1.2 微观植物结构

问题探讨

蔬菜在烹饪或者腌制的过程中会出现萎蔫的现象，你知道这是为什么吗？植物体结构和功能的基本单位是细胞，植物在失水时，细胞内部会发生什么变化？

下图为洋葱鳞片叶外表皮细胞在高浓度蔗糖溶液中发生的质壁分离现象。请查阅资料，尝试解释出现这种现象的原因。

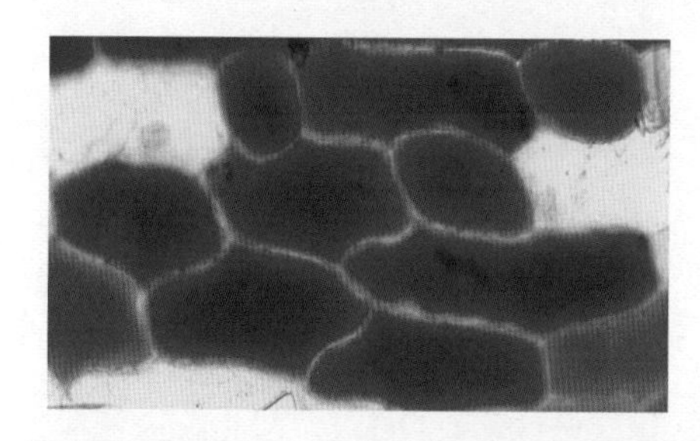

植物细胞
失水

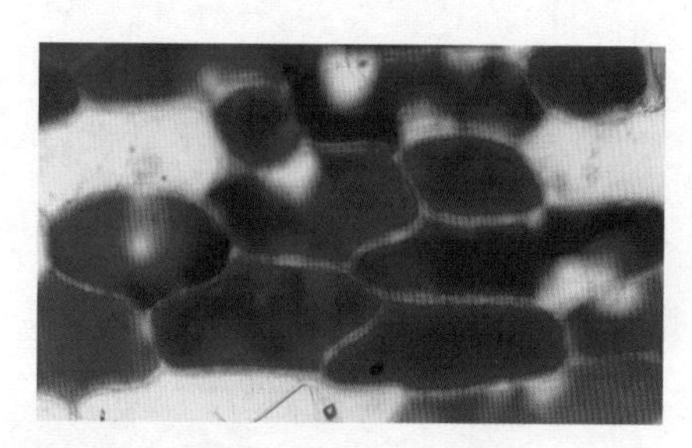

人类对植物的认知经历了非常漫长的阶段。最初的研究主要注重的是对植物形态的描述和用途的总结。随着显微镜的出现，人们得以观察到肉眼看不到的植物内部精细结构，这其中包括植物的细胞结构、各种细胞器的结构等，这打开了植物研究的另一扇大门。

1.2.1 显微镜的发展历程

显微镜是一种借助物理方法产生物体放大影像的仪器，发明于 16 世纪末，至今已有四百多年的历史。现在，它已经成为一种极为重要的科学仪器，广泛地用于生物、化学、物理、冶金、医学等各领域的科研活动，对人类的发展做出了重大的贡献。随着现代光电子技术和计算机的高速发展，显微测量技术在商业、国防、科技等领域均得到了广泛应用。

2 400 多年前的《墨经》中就记载了能放大物体的凹面镜，然而凸透镜的发明却无从考证。16 世纪末，荷兰眼镜商詹森和他的儿子把两个凸透镜放到一个镜筒中，结果发现这个镜筒能放大物体，这就是显微镜的前身。此后，荷兰人列文虎克制造了放大倍数达 300 倍的显微镜，让世人大开眼界。

光学显微镜主要由目镜、物镜、载物台和反光镜组成。目镜和物镜都是凸透镜，焦距不同。物镜的凸透镜焦距小于目镜的凸透镜的焦距。物镜相当于投影仪的镜头，物体通过物镜成倒立、放大的实像。目镜相当于普通的放大镜，该实像又通过目镜成正立、放大的虚像。经显微镜到人眼的物体都成倒立、放大的虚像。反光镜用来反射、照亮被观察的物体。反光镜一般有两个反射面：一个是平面镜，在光线较强时使用；另一个是凹面镜，在光线较弱时使用。

1931 年，恩斯特·鲁斯卡研制出电子显微镜，使得科学家能观察到大小仅百万分之一毫米的物体。电子显微镜按结构和用途可分为透射式电子显微镜、扫描式电子显微镜、反射式电子显微镜和发射式电子显微镜等。

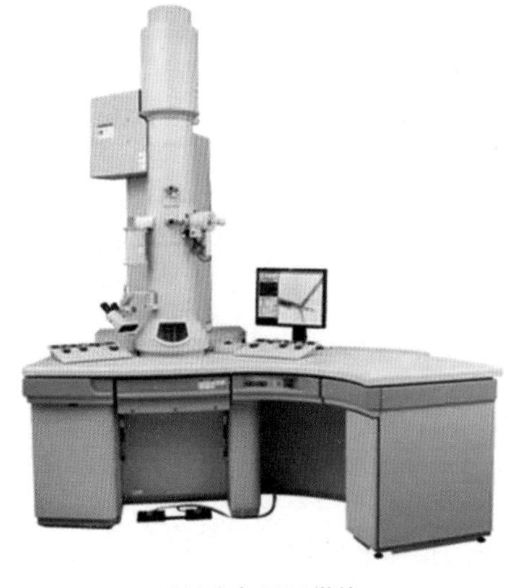
透射式电子显微镜

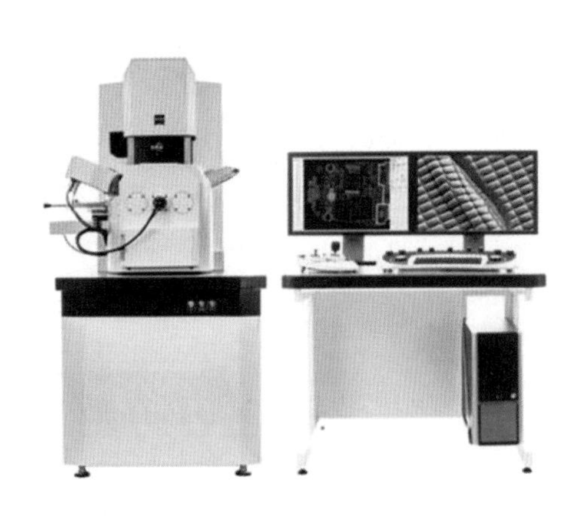
扫描式电子显微镜

电子显微镜是根据电子光学原理，用电子束和电子透镜代替光束和光学透镜，使物质的细微结构在非常高的放大倍数下成像的仪器。电子显微镜的分辨能力以它所能分辨的相邻两点的最小间距来表示。现在电子显微镜的最大放大倍率超过 300 万倍，而光学显微镜的最大放大倍率约为 2 000 倍。电子显微镜在细胞生物学中的应用奠定了现代细胞生物学的基础，很多细胞的超微结构都是在电子显微镜的帮助下发现的。

虽然电子显微镜的分辨率早已远胜光学显微镜，但因为电子显微镜要在真空条件下工作，所以很难观察活生物，而且电子束照射会使生物样品受到辐照损伤。由于电子显微镜具有明显的劣势，因此即使电子显微镜分辨率更高，它仍然不能替代光学显微镜，光学显微镜的发展仍然在进行着。

在初中阶段，我们最常使用的显微镜是普通光学显微镜和数码光学显微镜，借助它们，我们得以见到植物的细胞及一些植物细胞内的结构。

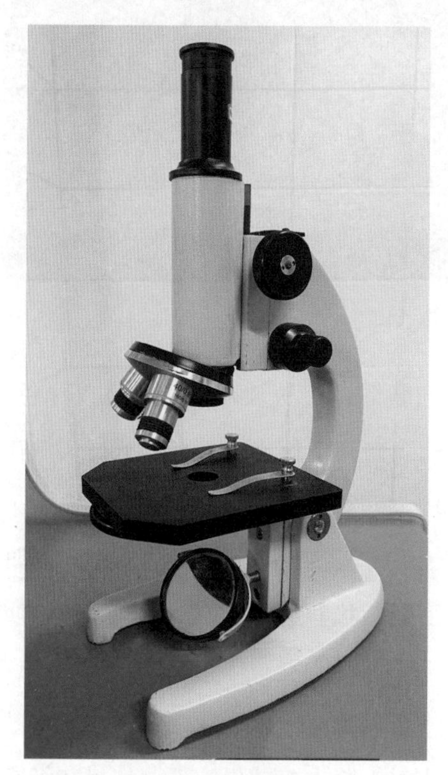

普通光学显微镜

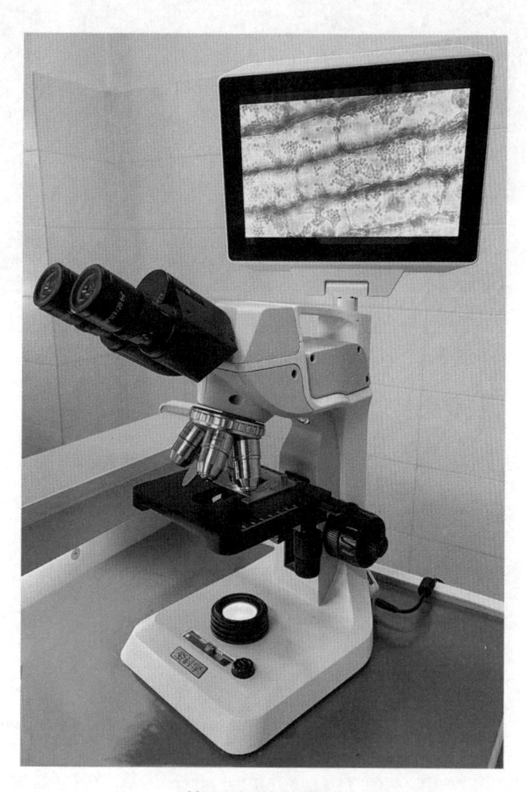

数码光学显微镜

昆十中生物实验室的显微镜

1.2.2 植物细胞的结构与功能相适应

叶的表皮细胞能够保护幼嫩的内部组织，表皮分上表皮和下表皮，表皮细胞的结构特点是：细胞不规则，彼此嵌合着，排列紧密。表皮细胞无色透明，有利于光线进入。表皮细胞间分布着成对的保卫细胞，保卫细胞之间形成的小孔，即是气孔。气孔是植物蒸腾失水的“门户”，也是气体交换的“窗口”，保卫细胞控制着气孔的开闭。正常的表皮细胞是没有叶绿体的，但保卫细胞中有叶绿体。光照时，保卫细胞进行光合作用，细胞内二氧化碳的浓度降低，pH 值升高，促使钾离子进入保卫细胞。保卫细胞内钾离子浓度升高，细胞液浓度上升，细胞吸水，气孔打开。

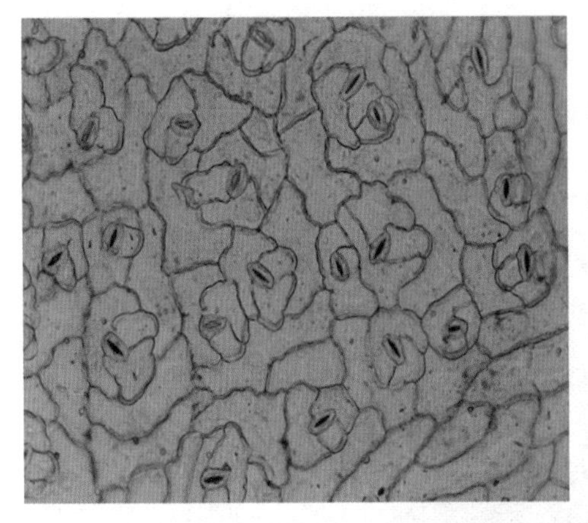
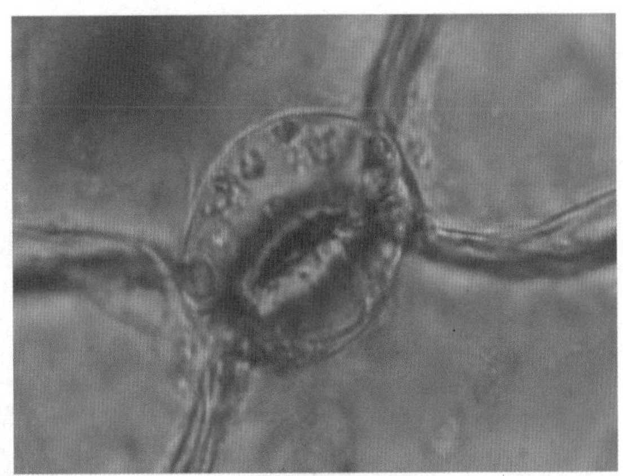

植物叶的下表皮细胞及气孔

染色体由 DNA 和蛋白质组成，是遗传物质的载体，因易被碱性染料染成深色，所以叫染色体。在细胞的分裂期，我们可以清晰地观察到染色体的形态和数目，而在未分裂的细胞中则无法找到这样的“短棒”状结构。其实它并没有消失，只是换了一种样子存在，这就是染色质。染色质和染色体的关系，其实就是同一种物质在不同时期两种形态。染色质呈拉伸细丝状，染色体呈高度螺旋状。是什么原因让同一种物质这样变换形态呢？

植物的体细胞（如分生区细胞）在分裂前后，需保证染色体的形态和数目不变。所以就要使染色体先复制加倍，再平均分配到两个子细胞中。试想一下，如果在细胞分裂时，染色体是以染色质的形式存在，那么在分配时，需要分离的染色质就会像毛

线一样缠绕在一起。而在细胞未分裂时，遗传物质中储存的信息就像是待执行的程序一样，需要读取并指导蛋白质的合成用于生命活动，若此时染色质是染色体这样的高度螺旋状态，那么信息读取就会受阻。

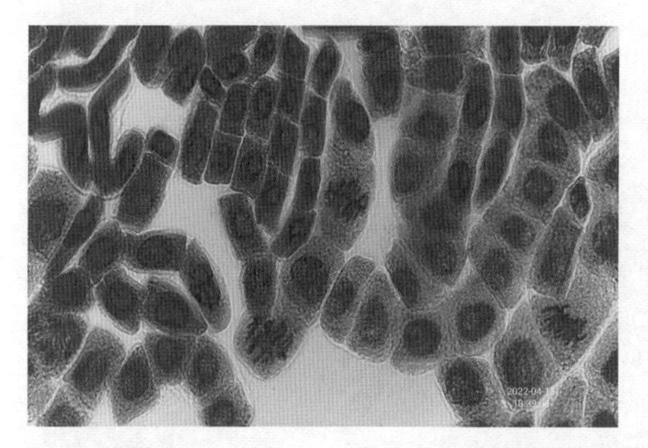

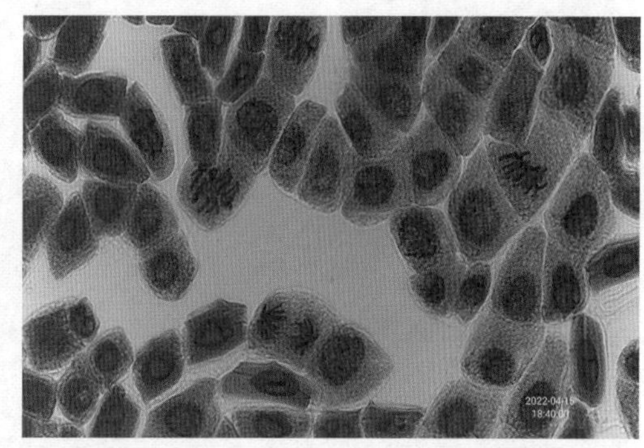

正在分裂的洋葱根尖细胞

小知识

细胞的发现

细胞（cells）是由英国科学家罗伯特·虎克（Robert Hooke，1635—1703）于 1665 年发现的。当时他用自制的光学显微镜观察软木塞的薄切片，放大后发现一格一格的小空间，就以英文的 cell 来命名（cell 本身就有小房间、一格一格的意思）。他观察到的“细胞”其实早已死亡，仅仅是残存的植物细胞壁。

1.2.3 尝试制作植物细胞结构模型

植物的种类多样、千姿百态，但组成植物体的基本结构——细胞，却有着近乎一致的内部结构。在《生物学》中你已经学习了植物细胞的基本结构，那么，今天就让我们一起来制作植物细胞结构模型吧！

探究 · 实践

制作植物细胞结构模型

活动建议：

1. 分组：

每个小组以 2～4 位同学为宜。

2. 查阅资料：

通过网络或书籍，查阅有关植物细胞结构（显微结构或者亚显微结构）的知识，避免出现科学性错误。收集关于模型制作的文献资料。

3. 确定制作课题：

例如：制作植物细胞模型、制作叶绿体结构模型等。

4. 准备材料：

根据确定的制作课题，选择制作方式，准备材料。

5. 制作组装阶段：

以小组合作形式完成模型的制作。

6. 活动结束：

通过现象观察、流程归纳、效果分析等手段，形成书面活动报告。

活动实施：

1. 材料、用具：

开水、凉水、柚子（或橙子）1 个、白色或浅色小气球 1 个、果冻粉 100 克、绿豆若干、保鲜袋 1 个、红枣 1 个、小刀、小勺、厨房秤。

2. 制作过程：

（1）将 100 克果冻粉倒入碗中，加入 400 毫升开水，搅拌均匀，备用。

（2）用小刀将柚子顶部切下，保留下半部分。

（3）用小勺将柚子果肉挖空。

（4）将保鲜袋放入已挖空的柚子中，让其贴合在柚子果皮内部，将果冻液倒入保鲜袋。

（5）放入冰箱冷藏。

（6）待其成凝胶后，将红枣放入胶状物中央，旁边放入灌水的小气球，周围放若干绿豆。

思考：

柚子皮、保鲜袋、红枣、灌水的小气球和绿豆分别代表植物细胞的什么结构？

活动评价：

模型制作评价表

组别	科学性（50%）			有创意（20%）	作品精美（20%）	材料易获取（10%）	总分
	形态结构准确、齐全（20%）	大小比例合适（20%）	能体现结构间的联系（10%）				
1							
2							
3							
4							

1.2.4 我校部分学生制作的植物细胞结构模型展示

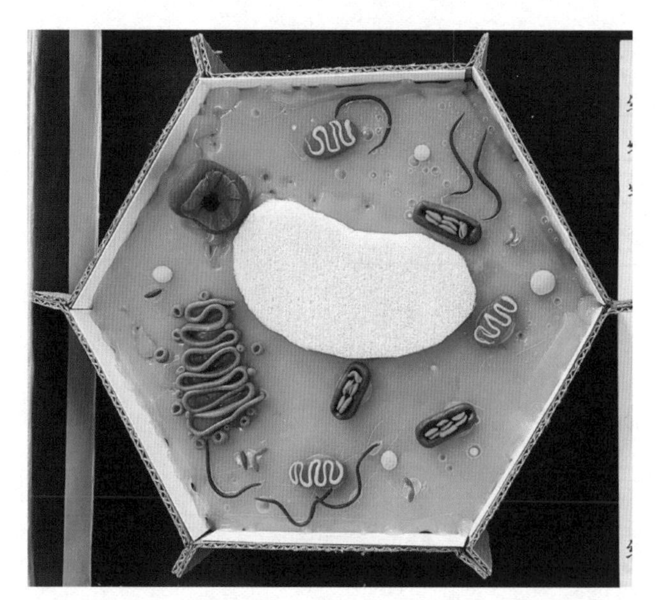

模型 1（材料：彩泥、热熔胶、泡沫、硬纸板等）

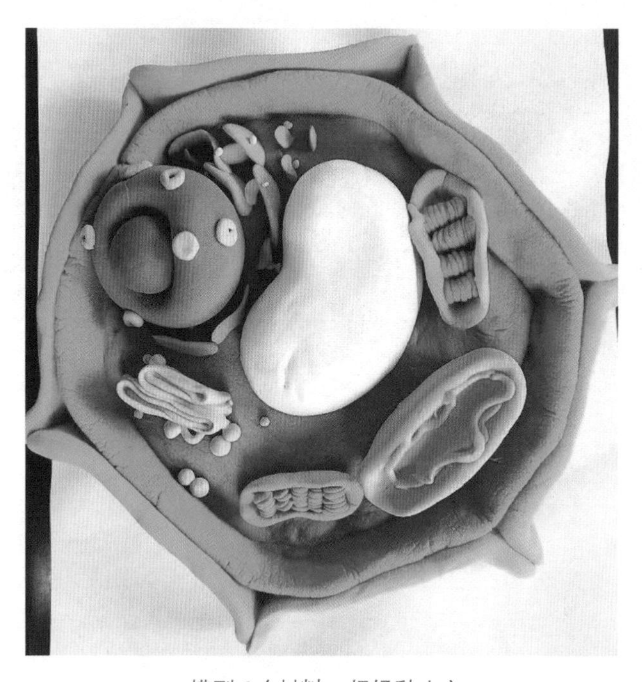

模型 2（材料：超轻黏土）

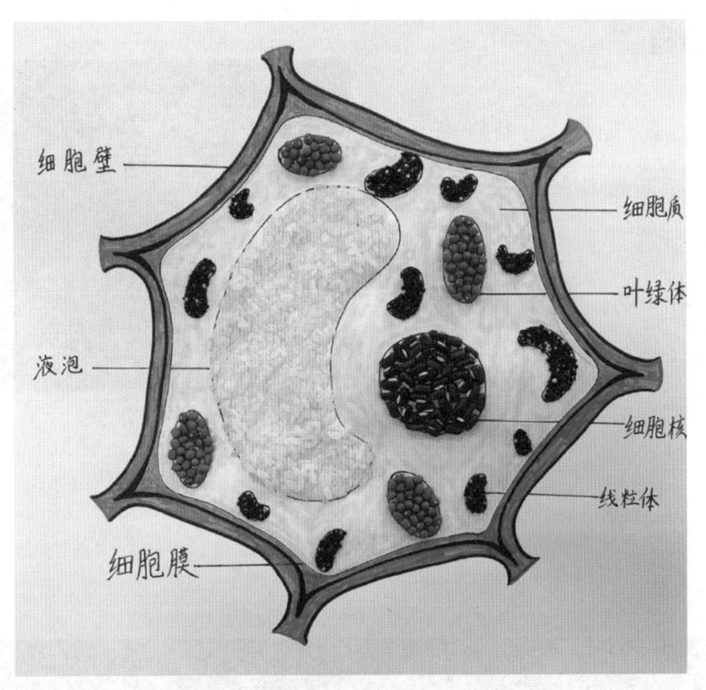

模型 3（材料：大米、红豆、绿豆等）

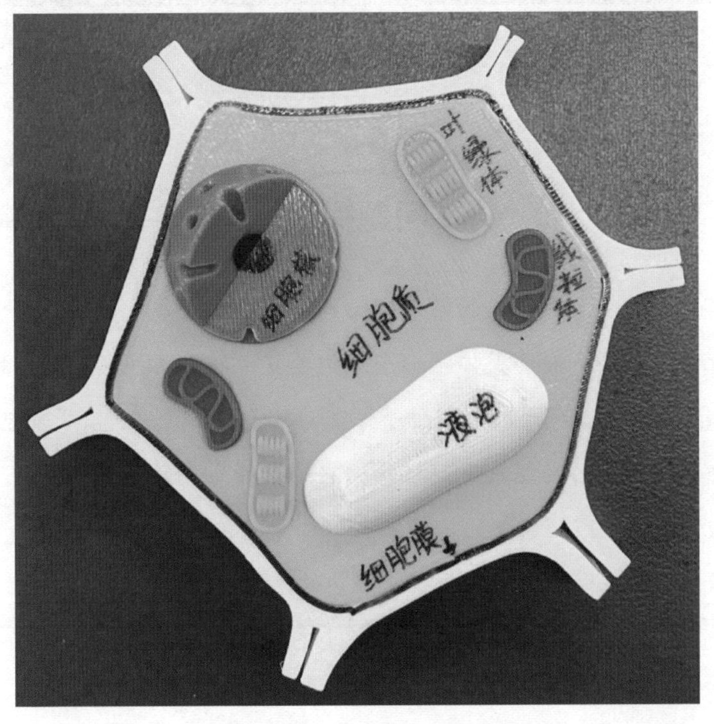

模型 4（技术支持：3D 打印）

植物小百科

水绵，属绿藻门、结合藻纲、水绵属，常见的真核生物，绿色，叶绿体呈带状，多生长在淡水处，春秋季生长旺盛，用手触摸有黏滑的感觉。

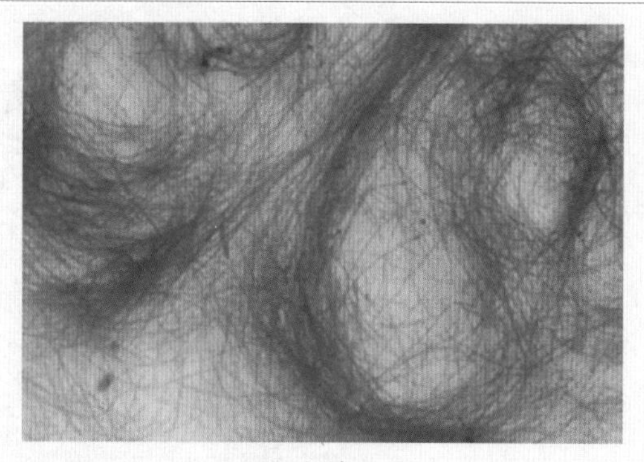

水绵

1.3 植物体的结构层次

问题探讨

藻类、苔藓、蕨类和种子植物的形态结构、生活方式各不相同。其中，种子植物是今天地球上种类最多、分布最广、形态结构最复杂的一类植物。种子植物分为裸子植物和被子植物两大类。裸子植物的种子裸露，被子植物的种子有果皮包被。

我们常把被子植物称为绿色开花植物。它是植物界中最繁盛的类群。本节我们将以被子植物为例，来了解植物体的结构层次。

讨论：按照从微观到宏观的顺序，植物体的结构层次是怎样的？

1.3.1 细胞

植物细胞和动物细胞不同。一个典型的植物细胞除了具有细胞膜、细胞质、细胞核等结构，还有细胞壁、中央大液泡、叶绿体等结构。植物细胞的种类很多，分别执行特定的功能。各种类型、不同分工的植物细胞是由细胞分化产生的。植物越进化，细胞的分工越细致。细胞分化致使组织形成。

1.3.2 组织

植物组织是由来源相同、执行同一功能的一种或多种类型的细胞集合而成的结构单位。组织的形成贯穿从受精卵开始至植株成熟的整个过程。

植物的基本组织包括分生组织、保护组织、输导组织、营养组织、机械组织。各种组织的细胞结构不同，功能也不一样。

1. 分生组织

被子植物的某些部位具有持续性或周期性的、很强的分裂能力的细胞群，被称为分生组织，如茎尖、根尖、形成层等。分生组织的细胞壁薄，细胞质浓，细胞体积较小，细胞排列紧密，无细胞间隙，能继续分裂、分化以补充新的细胞。分生组织是产生和分化其他各种组织的基础。由于它的活动，植物体可以终生生长。

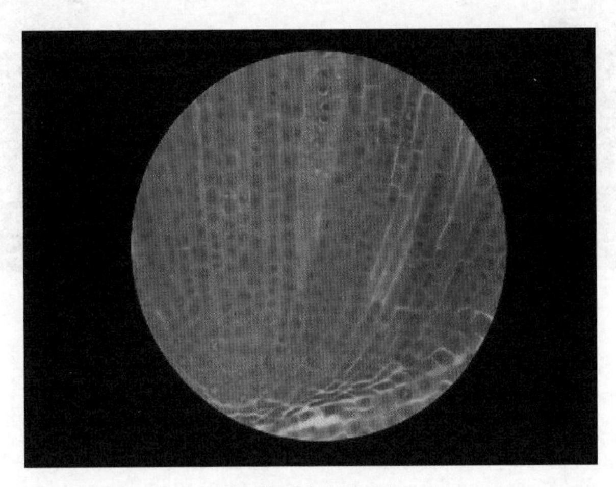

洋葱根尖分生区

2. 保护组织

保护组织是指覆盖在植物体表面起保护作用的组织。

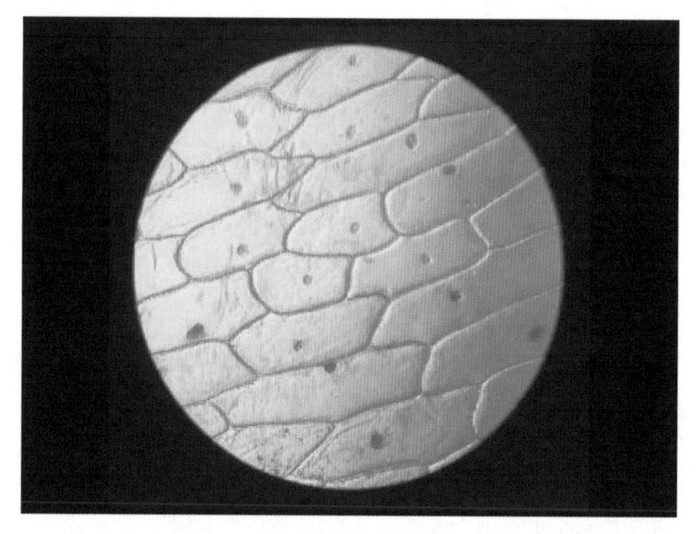

洋葱鳞片叶内表皮

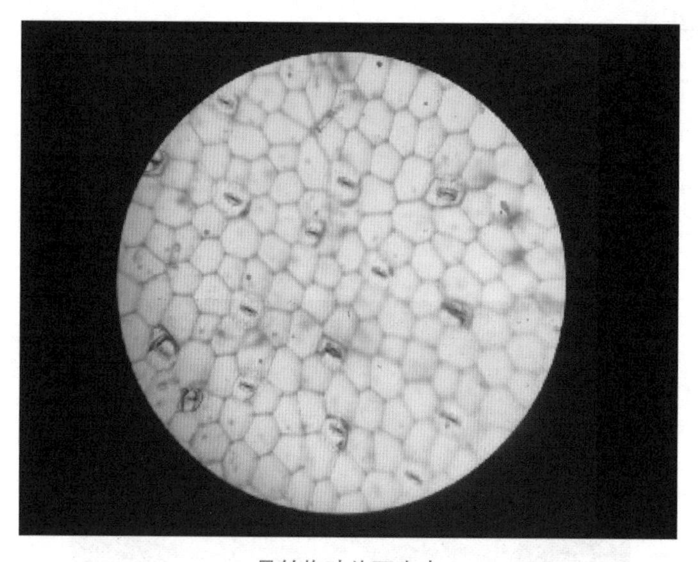

吊竹梅叶片下表皮

3. 输导组织

输导组织是高等植物特有的组织。水分、无机盐及有机物的运输，植物体各部分之间物质的重新分配和转移，都要通过输导组织来进行。

探究·实践

观察水分在植物体内的运输

实验方法：

在盛有清水的容器（如玻璃杯）内滴几滴红墨水，让水变为红色。在水中插入一支白色百合花或菊花，也可以用芹菜或白菜，放在温暖的阳光下。一段时间后，观察花瓣、茎、叶片有何变化。将茎或叶片进行横切，观察哪些部分被染红了。

观察白菜叶片内水分的运输

思考：

你能将一朵白色的百合花或菊花变为彩色的吗？

4. 营养组织

营养组织也称薄壁组织，是植物进行各种代谢活动的主要组织之一。植物的光合作用、呼吸作用、储藏营养物质等生理功能主要由营养组织进行。植物的根、茎、叶、花、果实、种子中都含有大量的营养组织。

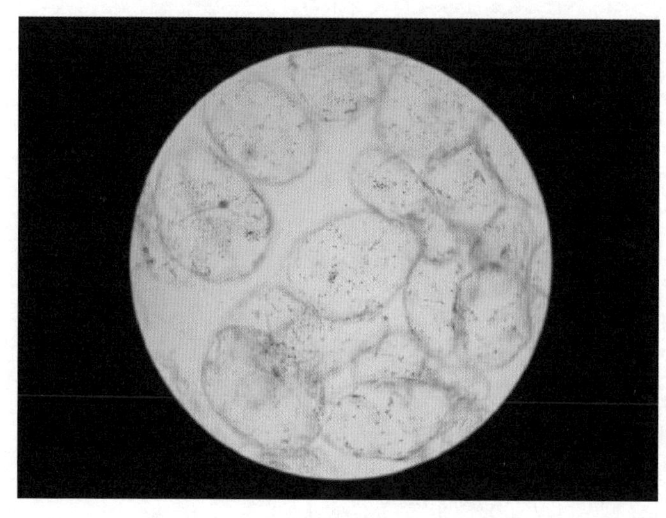

番茄果肉

5. 机械组织

机械组织是指对植物起支撑和保护作用的组织。它有很强的抗压、抗张和抗曲的能力。机械组织使植物能有一定的硬度，枝干能挺立，树叶能平展，能经受狂风暴雨及其他外力的侵袭。

1.3.3 器官

绿色开花植物由根、茎、叶、花、果实、种子六种器官组成。其中，根、茎、叶是营养器官，花、果实、种子是生殖器官。

1. 根

根通常位于地下，能固定植物体，负责吸收水分及溶解在其中的无机盐。有的根还具有繁殖、贮存有机物的作用。植物的根在长期的发展过程中，形态构造产生了许多变态。

番薯的块根

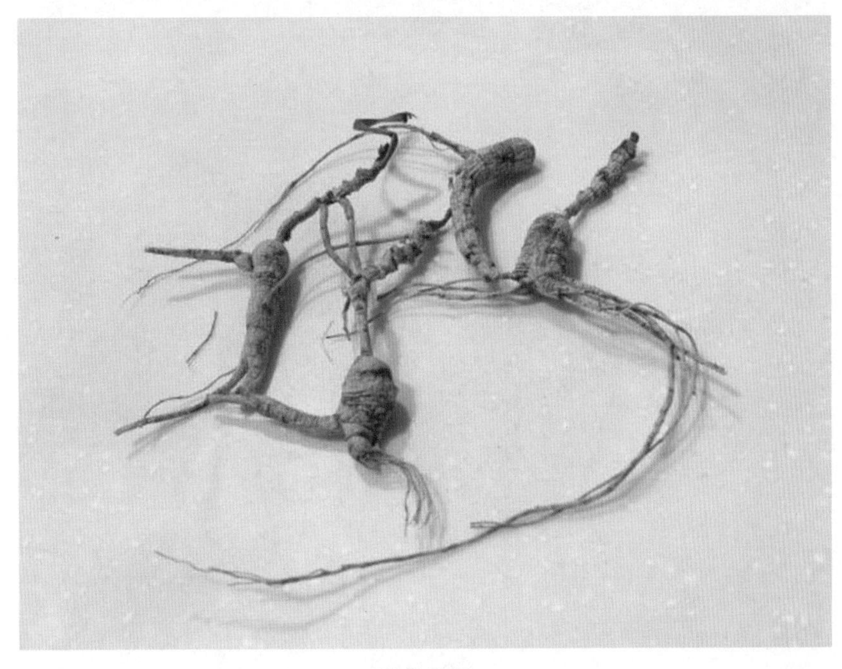

人参的根

2. 茎

茎是植物体的根和叶之间起输导和支持作用的重要营养器官。茎的主要作用有支持作用、输导作用、贮藏作用、繁殖作用、光合作用。由于功能改变引起的形态和结构都发生变化的茎称为变态茎，如马铃薯和洋葱的茎都可以贮存营养物质。

马铃薯的块茎

洋葱的鳞茎

3. 叶

叶是绿色植物进行光合作用和蒸腾作用的主要器官，同时还具有一定的吸收、繁殖和贮存功能。叶片是叶最重要的组成部分，由表皮、叶肉、叶脉三部分组成。不同植物叶的形态各异。如茅膏菜的叶能够分泌黏液，以捕获昆虫；捕虫堇的叶使整个植物体看起来像一朵美丽的小花，以吸引昆虫；有的多肉植物的叶片肉质，其内贮存大量水分。

茅膏菜

捕虫堇

多肉植物

探究·实践

制作叶脉书签

制作方法：

1. 选择叶脉粗壮而密、充分成熟并开始老化的树叶。

2. 在不锈钢锅或铁锅内放入浓度为 10% 的氢氧化钠溶液，煮沸后放入洗净的树叶，煮沸约 5 分钟。煮的过程中用玻棒或镊子轻轻翻动，使其均匀受热。

3. 待树叶变黑后捞出，放入盛有清水的塑料盆中，用清水洗净。注意：氢氧化钠有腐蚀性，制作时应用镊子或夹子取放树叶，防止氢氧化钠腐蚀手部皮肤。

4. 漂洗干净后，把叶片平铺在一块玻璃上，用毛质柔软的牙刷轻轻顺着叶脉的方向刷掉已煮烂的叶肉，一边刷一边用清水冲洗，直到只留下叶脉。

5. 将叶脉放入双氧水中浸泡 24 小时漂白。

叶脉书签

6. 将叶脉漂洗后放在玻璃片上晾干。晾到半干时涂上所需的染料，然后夹在旧书、报纸中，吸干水分后取出，叶脉书签就做好了。

4. 花

花是被子植物的生殖器官。一朵完整的花由花柄、花托、花萼、花瓣、雌蕊、雄蕊组成。雌蕊包括柱头、花柱和子房，子房的胚珠内有卵细胞。雄蕊包括花药和花丝，花药的花粉里有精子。雌蕊和雄蕊合称为花蕊，是一朵花最重要的结构。

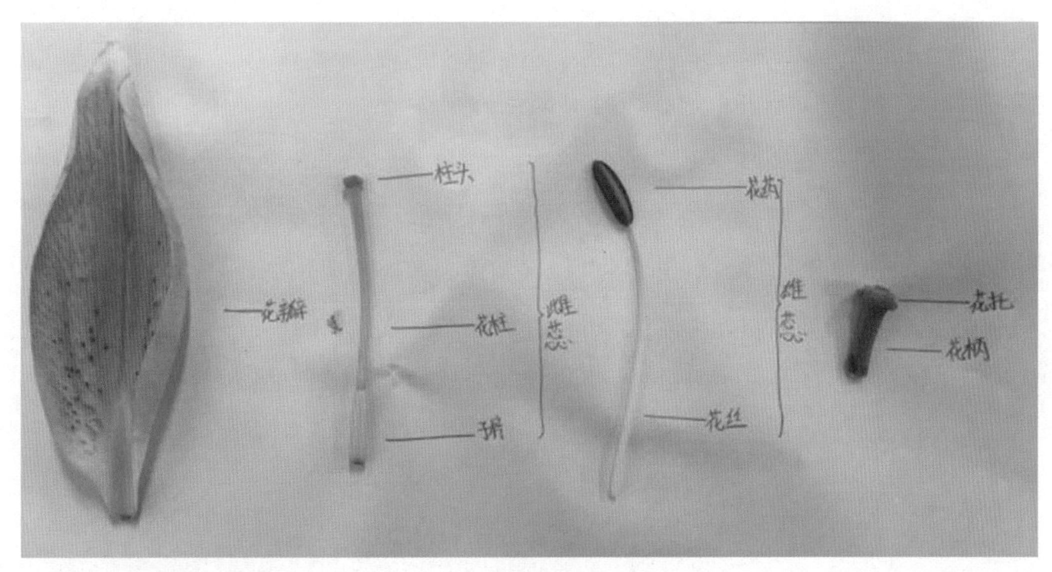

百合花的结构

你认识下图中的这些花吗？

形态各异的花

植物的花五彩缤纷、千姿百态。人们经常用花来美化环境、陶冶情操。

探究·实践

探寻斗南花卉市场

昆明斗南花卉市场是亚洲最大的鲜切花交易市场。这里日上市鲜花300多个品种、400万～600万枝，每天有280余吨鲜切花运往全国80多个大中城市，部分出口日本、韩国及东南亚等周边国家和地区。斗南花卉市场现已成为集花卉交易、花卉文化和花卉旅游为一体的花卉产业园区。

请你到斗南花卉市场进行一次调查，走进植物世界，了解受大家欢迎的花卉的种类及生长习性等。

调查步骤：明确调查目的→确定调查方案→记录调查情况→完成调查报告。

5. 果实

被子植物的雌蕊经过传粉受精，由子房或花的其他部分（如花托、萼片等）参与发育而成的器官即为果实。

花经过传粉和受精后，胚珠发育成种子，子房发育成果实。果皮包裹着种子就形成了果实。有的果实，果皮单纯是由子房壁发育成的，称为真果，如桃、樱桃等；有的果实在发育过程中，除子房外还有花的其他部分，如花托、花萼甚至整个花序都参与了果实的形成，这样的果实称为假果，如苹果、梨等。大家来认识一下下图中的果实吧！

形态各异的果实（昆十中求实校区）

6. 种子

斑叶兰

种子对物种的延续起着重要作用，因为种子中孕育着小小的新生命。种子的颜色、大小、形态因种类不同而异。

斑叶兰拥有世界上最小的种子。斑叶兰的种子只有一层薄薄的种皮和少量供自身生长、发育需要的养料。一粒斑叶兰的种子长约 0.5 毫米、直径 70 微米，只有在显微镜或放大镜下才看得清楚。1 亿粒斑叶兰的种子的重量只有 50 克。它们轻似尘埃，随风飘扬，四处传播，数量多得惊人。

复椰子树高 15～30 米，直径约 30 厘米，叶呈大扇形，雌雄异株。复椰子树的果实也像椰子一样，果皮是由海绵状纤维组成的。去除纤维，能见到有硬壳的种子。一粒复椰子树的种子长达 50 厘米，中间有一条沟，好像两个椰子合起来一样，它的重量可达 15 千克，是植物界中最大的种子。复椰子的雌花从授粉到果实成熟的时间长达 10～13 年之久。种子会经历 3 年的发芽期，并且需要烈日照晒。

复椰子树及其种子

思考讨论

根、茎、叶、花、果实、种子的形态结构往往是对植物进行分类的重要依据。你知道下图中这些结构是植物的哪个器官吗?

擘蓝

葫芦

土瓶草

萝卜

探究·实践

植物标本的制作

工具准备：

采集袋、记录本、吸水纸、标本夹、号牌、台纸（白色A3卡纸）。

方法步骤：

1. 标本的采集：

尽量采集完整的标本，最好有根、茎、叶、花、果实。采集时详细记录生长环境、形态结构特点、特殊性状等。标本挂上号牌，放入采集袋中暂时保存。

2. 标本的压制：

修剪掉标本上破损的、多余无用的枝叶，以免重叠霉变。铺4～5张吸水纸，将整理好的标本放在吸水纸上，展平标本枝叶，上面再铺几张吸水纸。用标本夹夹住，放至通风处。新压制的标本应每天至少换干纸1次。

3. 标本的制作：

将压制好的标本进行整理，平铺在台纸上，用贴或缝的方法把标本固定在台纸上。标本上有脱落的果实和种子，可装入玻璃纸袋中，贴在台纸右上角。在标签上记录标本名称、采集地点、采集时间，并将标签贴在台纸右下角。

植物小百科

海带，属褐藻门、海带属，多年生大型食用藻类，别名：江白菜。一般分布在比较冷的海域，我们食用的部分是它的孢子体。

海带

第2章

植物的生活

探 秘 植 物 世 界

2.1 植物的营养

问题探讨

植物的正常生长需要丰富的营养物质。17 世纪，比利时科学家海尔蒙特曾经做过一个非常著名的柳树苗种植实验，他认为柳树的增重是因为吸收了土壤中少量的无机盐和大量的水，所以水是植物最主要的营养物质。

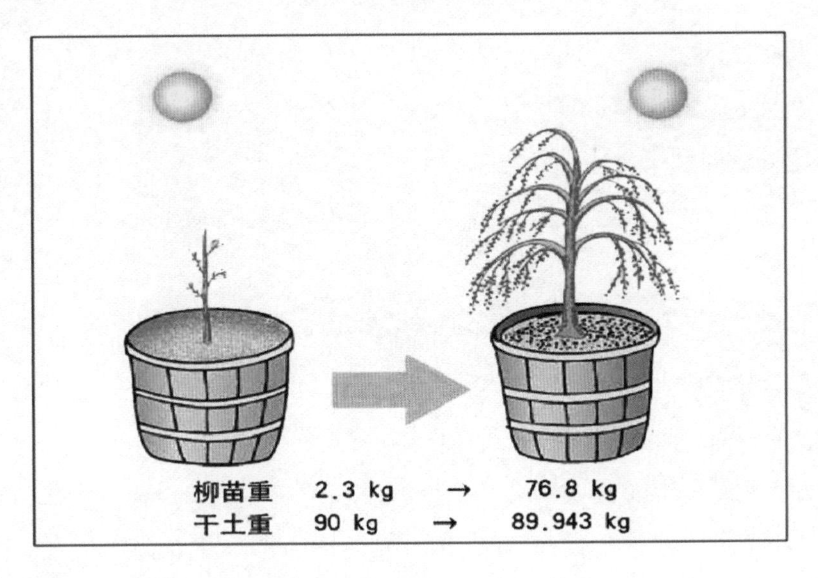

讨论：

1. 海尔蒙特的结论是否正确？

2. 植物的生长需要哪些营养物质？这些营养物质中又包含了什么营养元素？

2.1.1 营养物质和营养元素

植物的生长需要什么营养物质？要搞清楚这个问题，我们可以从植物本身含有哪些物质入手。

植物体的物质组成十分复杂，主要分为有机物和无机物。一般分子较大、含碳、能燃烧的是有机物；一般分子较小、不含碳、不能燃烧的是无机物。有机物包括蛋白质、脂质、糖类、核酸等；无机物包括水和无机盐等。植物体内含量最多的是水，新鲜植株含有 75%～95% 的水分。

植物含水量的测定

实验目的：

利用水遇热蒸发的原理测定柳树叶的含水量。

实验材料：

柳树的叶、分析天平、干燥器、烘箱、称量瓶、坩埚钳。

实验步骤：

1. 将柳树的叶切成小块，放在称量瓶中用分析天平称量（*FW*）。

2. 将柳树的叶放入 105℃恒温烘箱中，烘 2 小时左右，用坩埚钳取出放入干燥器中冷却至室温后，在分析天平上称重，再于烘箱中烘 2 小时，同样于干燥器中冷却后称重，如此重复 2 次（2 次称重的误差不得超过 0.002g），求平均值（*DW*）。

3. 计算含水量：含水量（WC）=（FW–DW）/FW × 100%。

试一试：

换不同植物的不同器官进行含水量的测定。

有机物和无机物都是由各种营养元素组成的。植物体内含量最多的水由氢和氧两种元素组成，那么无机盐中含有哪些营养元素呢？这些营养元素对植物的生长有什么影响呢？

链接生产生活

农谚说“有收无收在于水，多收少收在于肥”。

施肥主要是为植物生长提供所需要的无机盐。不同的植物或同种植物生长的不同时期所需要的无机盐的种类和量是不同的，为了满足植物生长的各种需求，聪明的农民通过经验总结出植物缺素顺口溜：

缺氮抑制苗生长，新叶黄绿老叶亡，根小茎细多木质，花迟果落不正常。

缺磷株小分蘖少，新叶紫红旧叶老，侧根稀少生长慢，花少果迟粒很小。

缺钾株弱易倒伏，老叶尖卷缘焦枯，分蘖纤细出穗少，果不饱满还畸形。

缺钙未老株先衰，幼叶边黄卷枯粘，根尖细胞腐烂死，弱果烂脐株萎蔫。

缺镁后期株叶黄，老叶脉间变褐亡，花色苍白果实弱，根茎生长不正常。

缺硫根少茎细长，叶老泛白幼脉黄，后期生长受抑制，结果晚迟还不良。

缺铜变形株不壮，植株新叶蔫尖黄，根茎不良长冒胶，抽穗困难瞎白忙。

缺锰失绿株变形，幼叶黄白斑点生，茎弱枯老多木质，花少果稀分量轻。

缺硼叶尖白长慢，新叶粗红焦斑现，空心块根根尖死，花不结果挎空蓝。

缺锌植株小，新叶片白黄，根茎不正常，果实变态郎。

缺铁植株矮，顶尖先失绿，新叶片泛黄，树弱梢枯凉。

根据顺口溜，你能通过下图中叶的颜色和形态判断出植物缺乏什么营养元素吗？

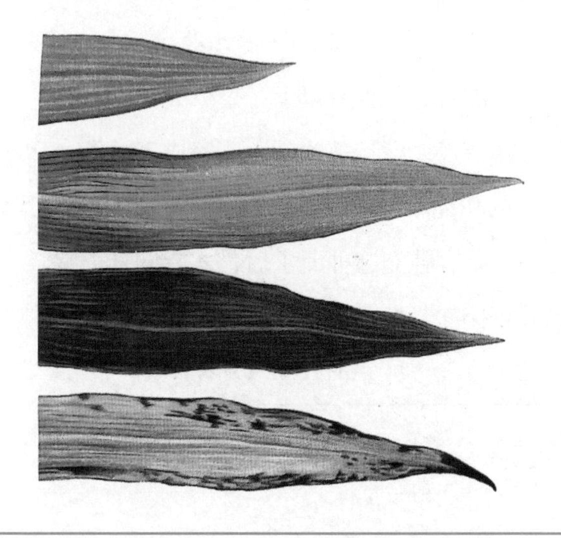

水和无机盐包含的主要营养元素我们已经搞明白了，接下来，我们再来分析一下构成植物细胞的有机物中含有哪些营养元素。

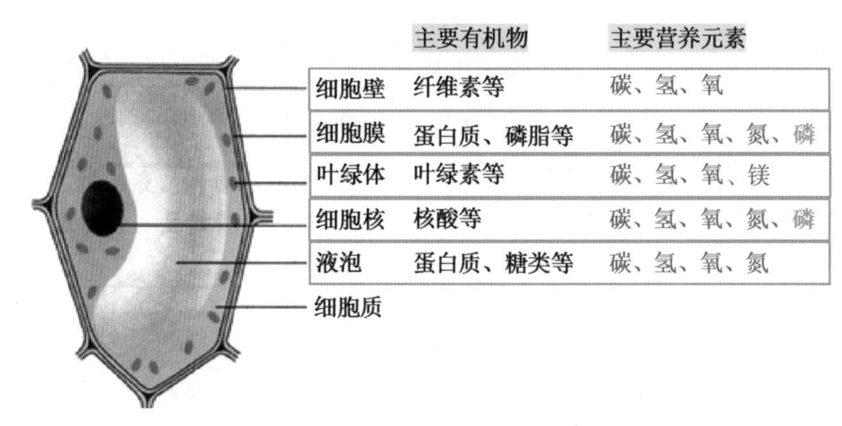

构成植物细胞的主要有机物及其营养元素

到目前为止，已发现植物体内营养元素有 70 多种，不同的营养元素在植物体内的含量不同。有些营养元素虽然在植物内被发现，但是它并不是植物生长所需要的大量元素，甚至有些营养元素不被植物生长所需要，这些元素可能是偶然被植物吸收并积累下来。相反，有些元素在植物体内发现量非常少，却是植物生长不可缺少的营养元素。

植物正常生长发育所需要的营养元素有必需元素和有益元素之分。必需元素指植物正常生长发育所必需而不能用其他元素代替的植物营养元素。根据植物需要量的多少，必需元素又分为必需大量元素和必需微量元素。那么，哪些是植物生长的必需营养元素呢？高等植物的必需营养元素有以下三条标准：

（1）如缺少某种必需营养元素，植物就不能完成正常生命活动。

（2）必需营养元素的功能不能由其他营养元素所代替，在其缺乏时，植物会出现专一的、特殊的缺乏症，只有补充这种元素后，才能恢复正常。

（3）必需营养元素直接参与植物代谢作用，例如组成酶的成分或参与酶促反应。

植物营养元素表

必需元素	必需大量元素	碳（C）、氢（H）、氧（O）、氮（N）、磷（P）、硫（S）、钾（K）、镁（Mg）、钙（Ca）

续表

	必需微量元素	铁（Fe）、锰（Mn）、锌（Zn）、铜（Cu）、硼（B）、钼（Mo）、氯（Cl）、钠（Na）、镍（Ni）
有益元素		钴（Co）等

2.1.2 植物获取营养的一般方式

植物需要的营养物质主要是有机物、水和无机盐。

有机物的获取方式也是植物的自养方式，绿色植物通过光合作用把二氧化碳和水转化成储存能量的有机物（如淀粉），并且释放出氧气。光合作用的主要器官是叶，叶制造的有机物通过筛管运输至其他器官。

水和无机盐的获取主要是通过土壤。土壤中的无机盐溶解在水中，由植物根尖成熟区的根毛从土壤中吸收，通过导管向上运输至其他器官。

探究 · 实践

栽种水培植物

土壤的主要作用是为植物提供水和无机盐，并固定根部，假如能有效固定植物，是不是只需要提供充足的水和无机盐也能使植物正常生长呢？让我们一起来试一试栽种水培植物吧！

水培是一种新型的无土栽培方式，将植物的根系直接浸润于营养液中，营养液为植物提供水分、无机盐等营养物质，使植物能够正常生长。

实验目的：

利用营养液进行无土栽培，打造自己的水培“植物园”。

实验材料：

根系发达的滴水观音、吊兰、合果芋、富贵竹、绿萝、铜钱草、紫竹梅等观叶类和土豆、萝卜、芋头等蔬果类植物，水培花盆（可固定根部），不同植物所需的营养液。

实验步骤：

选择自己喜欢的植物放入水培花盆中，固定根部，加清水没过根部，按需求滴加适量营养液。

注意事项：

1. 在配制营养液时如果使用的是自来水，要在自来水中加入少量的乙二胺四乙酸钠或腐殖酸盐化合物，以去除水中对植物有害的氯化物和硫化物。

2. 在水培植物生长过程中，假如发现叶尖有水珠渗出，需要适当降低水面高度，让更多的根系暴露在空气中，减少在水中浸泡的比例，以利于氧气的吸收。

3. 勤换水，防止水体污染。

链接生产生活

叶面施肥

植物主要通过根吸收营养物质，所以一般施肥于土壤中或者水培液中，其实植物也可通过叶吸收少量营养物质。由于营养物质一般是从叶的角质层和气孔进入，因此要求肥料须是完全水溶性的，且要控制在较低的浓度。

叶面施肥有以下优点：

（1）部分营养元素在土壤中易被固定，不便于吸收，而叶面施肥可避免土壤条件的影响。

（2）一些果树根系较深，土壤施肥难以保证根的吸收，而叶面施肥可以取得较好效果。

叶面施肥

（3）叶面施肥用量少、见效快、经济效益高。

叶面施肥的局限性：

（1）易受气候条件影响，特别是阴雨天叶面施肥效果较差。

（2）肥料用量少，不能满足植物对营养元素的全部需求。

链接生产生活

树木输液

反季节移栽树苗时，由于气候不适宜且移栽后根部无法及时、快速地从土壤中吸收水分和无机盐，因此可以通过给树苗输液来为树木提供充足的营养物质。此外，给树木输液还适用于在土壤肥力不足等情况下改善树体长势，激活花木潜能，促进根系生长和芽的萌发等方面。所以树木输液的情况通常包括四类：移栽、复壮、病虫害治疗和生长调节。

步骤：

1. 用电钻打输液孔。钻头斜向下 45° 角，深度保持在 3～5 厘米（木质部导管处）。

2. 安装输液装置。在所打孔上方 1.3 米处用锤子钉上钉子，在钉子上挂上营养液，将针头插入输液孔。

3. 输液。一般需 3～5 小时输完。

4. 处理输液孔。用小木棍插入孔中，喷上杀菌剂，再用杀菌剂溶液和泥抹在孔口处。

树木输液

2.1.3 植物获取营养的特殊方式

1. 寄生植物的有机营养来自寄主

旋花科的菟丝子等寄生植物不能进行光合作用，它靠直接从寄主身上吸收营养物质来获取有机物。菟丝子的细胞中没有叶绿体，它通常攀附在其他植物身上，利用尖刺戳入寄主韧皮部，把吸收的营养合成淀粉粒存储在细胞中。

菟丝子

2. 部分共生植物的有机营养来自共生真菌

兰科天麻属的天麻生于腐质湿润的环境中，它与白蘑科真菌蜜环菌和紫萁小菇共生。天麻所需的有机营养来自这两种共生真菌，种子萌发的营养来自紫萁小菇，原球茎长成的营养来自蜜环菌。

天麻

3. 部分共生植物的有机营养通过共生真菌从土壤中获得

鹿蹄草科的水晶兰与真菌共生，这些真菌密密麻麻地覆盖在水晶兰根部表面，水晶兰的根尖末梢插入真菌鞘内，真菌通过菌丝从土壤中吸收有机物，水晶兰通过根尖从真菌体内获取有机物。

水晶兰

4. 豆科植物需要的含氮无机盐来自共生的根瘤菌

根瘤菌进入豆科植物根部皮层细胞后，分化成膨大、形状各异、无繁殖能力、具有很强固氮活性的细胞，称类菌体。类菌体将分子氮还原成氨，并合成酰胺类或酰脲类化合物，由豆科植物根部运输至全身，为豆科植物提供含氮无机盐。

根瘤

5. 部分植物通过捕获昆虫获取营养

猪笼草的构造复杂，尾部扩大并反卷形成瓶状。昆虫被瓶盖覆面分泌的香味引诱至瓶口，并滑落瓶内，被瓶底分泌的液体淹死并分解，昆虫体内的有机物逐渐被猪笼草消化、吸收。

猪笼草

探究·实践

观察捕蝇草的捕蝇过程

捕蝇草，属于茅膏菜科、捕蝇草属，叶子边缘有刺毛，当有昆虫在叶子上停留的时候，就会将叶子闭合，并分泌消化液将昆虫消化、吸收。

实验目的：

观察捕蝇草的捕蝇过程，感受植物奇特的营养获取方式。

实验材料：

捕蝇草一盆、昆虫若干。

实验过程：

将昆虫喂食给捕蝇草，观察其叶片闭合过程，记录消化完成（叶片再次打开）时间。

捕蝇草

注意事项：

捕蝇草喜欢潮湿的环境，需勤浇水。

植物小百科

葫芦藓，属于葫芦藓属，植物体矮小，高 1～3 厘米，有茎和叶的分化，叶较小又薄，没有叶脉，呈卵形或舌形，没有真正的根，有短而细的假根，起到固着植物体的作用。葫芦藓通过孢子繁殖能分泌酸性物质，融化岩石表面形成土壤，被称为植物界的“开路先锋”，同时还可以作为测定大气污染的指示植物。

葫芦藓

2.2 植物的能量

问题探讨

万物生长靠太阳，地球每年的入射太阳光能大约是 5.4×10^{24} 焦耳，绿色植物每年固定的太阳能大约为 5×10^{21} 焦耳，这些能量就是地球上包括人类和各种动物在内的所有异养生物赖以生存的能量基础。

生命活动需要能量，绿色植物通过光合作用合成有机物，将太阳光能转变为化学能储藏于有机物中，携带能量的有机物沿着食物链流动，从而养育了生物圈中的其他生物。

讨论：

1. 除了光，绿色植物进行光合作用还需要哪些外界条件和自身条件？

2. 植物体内储存的能量除了养育生物圈中的生物外，在生活中还有哪些应用？

2.2.1 气孔的奥秘

植物的叶、茎等器官上都有很多气孔，它们就像一个个小门，当这些“门”打开时，植物体内的水分以水蒸气的形式散失到外界的大气中，即进行蒸腾作用，使植物的根有动力在土壤中吸收水分。同时，植物也通过气孔和外界进行了气体交换，释放光合作用产生的氧气，吸收光合作用所需的二氧化碳。可见，气孔对植物的光合作用起着至关重要的作用。

如果把天竺葵的叶片正反面涂上蜡，对植物的光合作用有什么影响呢？你不妨试一试。

探究·实践

观察植物气孔的变化

同一植物的气孔在一天各个时段的开闭情况一样吗？不同植物的气孔各有什么特点呢？你可以尝试观察陆生植物和水生植物的气孔，比较它们的异同。

实验目的：

通过对常见植物叶片气孔的观察，比较同一植物的气孔在一天中的开闭变化情况，比较不同植物的气孔的数量和分布情况。

实验材料：

睡莲叶、蚕豆叶、紫鸭跖草、商陆叶、新鲜黄瓜、芦荟等校园植物材料。

实验步骤：

擦净玻片，在载玻片中央滴一滴清水，将待观察材料（取上表皮或下表皮）放在清水中展平，盖上盖玻片（注意避免产生气泡），用显微镜观察。

实验结果：

请将实验结果记录在下表中。

实验结果

植物类型	植物名称	气孔特点	9:00 气孔打开数量	14:00 气孔打开数量
陆生植物				
水生植物				

思考：

1. 同一植物的气孔在一天中的开闭情况一样吗？叶的上表皮和下表皮的气孔分布情况一样吗？

2. 水生植物的气孔数量和分布情况与陆生植物有什么不同？

通过探究，你会发现，在正午的时候，植物一般会把气孔关上，因为那时候温度较高，如果气孔正常打开，蒸腾作用会非常强烈，植物体内的水分会大量散失。就像在夏天，将一盆水放在阳光下，过一会儿，盆里的水就会因为蒸发而减少很多。所以植物为了减少水分散失就会关闭大部分气孔，以减弱蒸腾作用。由于光合作用需要吸收二氧化碳、释放氧气，二氧化碳的吸收和氧气的释放都是通过气孔完成的。因此，气孔关闭对气体进出叶片也会产生影响。

2.2.2 多肉植物的光合作用秘密

气温升高会使气孔关闭，从而影响叶片的气体交换，那么喜好高温的多肉植物如何满足光合作用对二氧化碳的需求呢?

常见的多肉植物

仙人掌等多肉植物原本是生活在干旱地带，为了适应干旱环境，这些植物的气孔数量比一般的植物都要少，也比较小。而且在白天的时候，温度太高，多肉植物只能紧紧关上气孔，不然就会因为失水太多而死亡。白天气孔大量关闭了，不能进行气体交换，多肉植物怎么进行光合作用呢?

为了解决这个问题，多肉植物有一套与众不同的代谢方式，因为这种方式最开始是在景天科植物身上发现的，所以它又叫作景天酸代谢。植物的光合作用可以简单地分成两个阶段：第一个阶段，植物在光下产生氧气，并且把能量固定起来用在第二阶段生成有机物。第二个阶段，植物首先把吸收的二氧化碳转化成一些中间物质，这一过程称为二氧化碳的固定，然后利用第一个阶段固定的能量把中间物质继续转化成有机物储存于体内。对于一般的植物而言，二氧化碳的固定和转化几乎可以同时进行，而在多肉植物体内，这两个过程是分开的。因为在进行光合作用时，只有第一个阶段是需要阳光的，第二个阶段不需要阳光，所以多肉植物选择在温度较低、湿度较高的夜晚打开气孔，吸收二氧化碳，完成二氧化碳的固定。到了白天，温度升高，多肉植物就关上气孔。多肉植物在晚上充分吸收、固定二氧化碳，白天把太阳光能固定起来，利用这些能量把二氧化碳固定的中间产物转化为有机物。

2.2.3 无所不能的“光”

光除了提供能量，是光合作用必不可少的条件以外，对植物还有什么作用呢？光照时间越长对植物生长越好吗？

并不是光照时间越长，对植物生长越好。根据植物对光周期反应的不同，可将植物分为长日照植物、短日照植物和中间性植物。长日照植物只有日照长度大于一定数值（一般 14 小时以上）才能开花，如小麦、芹菜、胡萝卜、白菜等。短日照植物在生长发育过程中，需要有一段时间白天短（少于 12 小时，但不少于 8 小时）、夜间长的条件才能开花，如水稻、玉米、月季等。中间性植物在生长发育过程中，对光照长短没有严格的要求，如向日葵、辣椒、茄子等。因此，针对不同植物对光照的不同要求，有必要对光照时间进行调控。在生产实践中，常将植物在不同生长时期所需要的光照时间输入计算机，通过计算机控制植物生长灯的通断，来控制补光时间。

另外，不同种类的光对植物生长发育起的作用是不一样的。

红光有利于叶绿素的形成及碳水化合物的合成，加速长日照植物的生长发育，延迟短日照植物的发育，并促进种子萌发及茎生长。蓝光可以促进气孔开放，有助于外界的二氧化碳进入细胞，从而提高光合作用速率，有利于蛋白质合成，加速短日照植物的发育，延迟长日照植物的发育，促进植物的叶生长。

长日照植物：蚕豆

短日照植物：月季

中间性植物：茄子

理论和实验证明，红光的光合作用最强，用富含红光的光源补光，会引起植物较早开花结实，可促进植物体内干物质的积累，促使鳞茎、块根、叶球以及其他植物器官的形成。用富含蓝光的光源进行人工补光可延迟开花，使以获取营养器官为目的的植物充分生长。适当的红光和蓝光的配比才能更好地调节植物生长发育。

小知识

植物对不同色光的吸收

太阳光是复色光，当太阳光透过三棱镜之后，就会看到七种颜色的光，分别是红、橙、黄、绿、青、蓝、紫，这叫光的色散现象，这说明太阳光是由七种单色光构成的。

光的色散现象

植物对不同种类的光吸收一样吗？我们可以提取绿叶中的色素，将其放在阳光与三棱镜之间，让阳光穿过色素再到达三棱镜，观察色散的光的种类有无减少，减少的光就是被色素吸收的光。绿叶中的色素可以分为叶绿素（包含叶绿素 a、叶绿素 b）和类胡萝卜素（包含胡萝卜素、叶黄素）。经过实验证实，在光和三棱镜之间放置叶绿素，色散后的光谱少了红光和蓝紫光；在光和三棱镜之间放置类胡萝卜素，色散后的光谱少了蓝紫光。这说明叶绿素主要吸收红光和蓝紫光，而类胡萝卜素主要吸收蓝紫光。

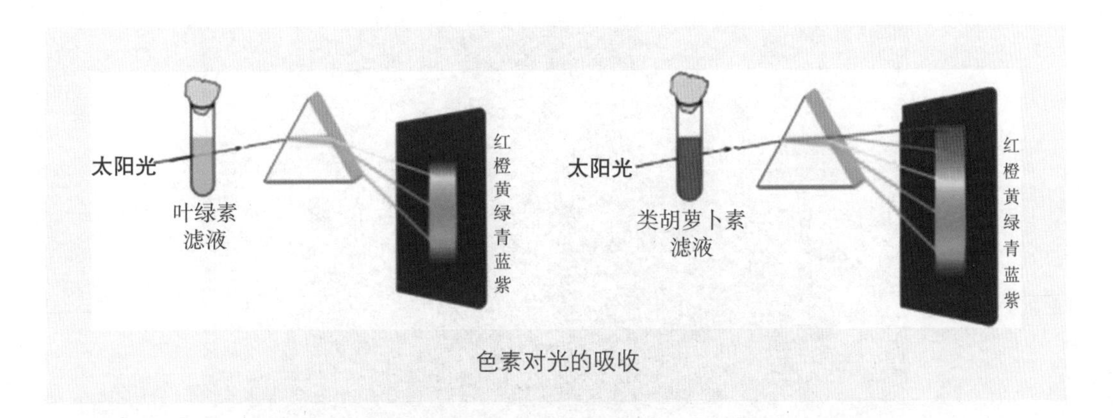

色素对光的吸收

思考讨论

生产实践中往往需要提高农作物的产量，如何使农作物光合作用合成的有机物积累最多呢？你能查阅资料寻找一些生产生活中的例子进行说明吗？

提示：可以从提高光合作用强度的角度出发，也可以从减少有机物消耗的角度出发。

2.2.4 光与植物的颜色

在碧波荡漾的大海里，生活着形态各异的藻类。藻类植物的种类繁多，形态各异，目前已知的有 3 万种左右。藻类的颜色多种多样，事实上，藻类也是有叶绿素的，不过相比陆地上的植物，藻类叶绿素的含量不多。一般离海面近的藻类，叶绿素的含量就多一点，越是深海里的藻类，叶绿素的含量越少。这些藻类还含有另一种色素——藻胆素，包括红色的藻红素和蓝色的藻蓝素。红藻中含有较多的藻红素，蓝藻中则含有较多的藻蓝素。这些色素把藻类中含有的少量叶绿素遮掩起来，因此藻类看起来就不是“绿色植物”了。

形形色色的藻类植物

海里的植物是怎样进行光合作用的呢？当太阳光照射到海面，海水能吸收太阳发射出来的红光和蓝光等七色光。光在穿过海面的过程中，波长较长的光被吸收较多，所以，海水对红、橙光的吸收比对蓝、绿光的吸收要多。

物体的颜色是由反射出来的光的颜色决定的。比如，白色物体反射所有色光而呈白色，黑色物体吸收所有色光而呈黑色。植物体内有捕获光的色素，叶绿素主要吸收红光和蓝紫光，类胡萝卜素（胡萝卜素和叶黄素的统称）主要吸收蓝紫光。离海面近的绿藻含有叶绿素 a 和 b、类胡萝卜素，由于对红光和蓝紫光吸收较多、反射绿光而呈现绿色。随着光的传播，深海里只剩下极少的蓝绿光。生活在深海里的红藻，含有叶绿素 a 和 d、类胡萝卜素和藻红素，藻红素吸收最多的是短波的绿光，因此红藻吸收蓝紫光和绿光、不吸收红光而呈现红色。藻类在海洋里的分布往往层次分明，一般绿藻生长在最浅层，褐藻生长在中层，红藻生长在最深层。

思考讨论

根据以上介绍，你能将下列藻类植物填进相应的表格中吗？

海带

石莼

紫菜

藻类植物表

藻类名称	含有的光合色素	颜色	光的吸收情况
	叶绿素 a 和 c、类胡萝卜素、叶黄素	褐绿色	吸收黄绿光和红光
	叶绿素 a 和 d、类胡萝卜素、叶黄素、藻红素	紫红色	吸收绿光
	叶绿素 a 和 b、类胡萝卜素、叶黄素	黄绿或蓝绿色	吸收红光和蓝紫光

2.2.5 温度与植物的生长发育

经过霜打之后，青菜为防止自身的细胞被冻坏，会调节植株内的成分，启动防御机制，实现“自我保护”。青菜的防御机制是怎样的呢？

雪后的青菜

青菜植株内含有大量淀粉（光合作用的产物），淀粉不甜且不容易溶于水，青菜里的淀粉在淀粉酶的影响下，水解变成麦芽糖，麦芽糖又转化成葡萄糖。青菜细胞液中糖分增加，细胞液浓度加大，就不容易遭受破坏，青菜就这样建立了自我保护机制。另外，葡萄糖是甜的且易消融于水，因而青菜的滋味愈加清甜。在霜降的时节里，菠菜、白菜、萝卜等蔬菜也会变得滋味清甜。青菜被霜打过，霜要融化成水再蒸发，水分蒸发后，菜叶有轻度萎蔫的现象，因此经过霜打的菜叶子更绵软。

打霜之后变甜的菜，常见的有菠菜、芥菜、萝卜、大白菜、小白菜、莴笋、生菜、上海青等。而不具有以上保护机制的菜，比如西红柿、辣椒、茄子、红薯、豆角、南瓜等瓜果类蔬菜和橙类水果，遇到霜降时节就很容易坏，不易储藏。

其实入秋后，同样的变化也发生在树木的叶片中，叶片细胞中可溶性糖的含量增加，细胞液的水分相对减少，细胞的酸性增强，液泡中的花青素在酸性条件下显现出红色，这就是“霜叶红于二月花”的原因。

枫叶颜色的变化

为什么入秋前叶片一般呈现绿色呢？其实，植物绿色部分细胞的叶绿体中含有叶绿素和类胡萝卜素，叶绿素的含量占 75% 左右，这些色素几乎都不吸收绿光，绿光被反射出来使叶片呈现绿色。到了秋天，叶绿素合成变慢，原有叶绿素不断降解，细胞中黄色类胡萝卜素占大多数，因为黄色光基本不吸收被反射出来，使得叶片变黄，比如银杏。

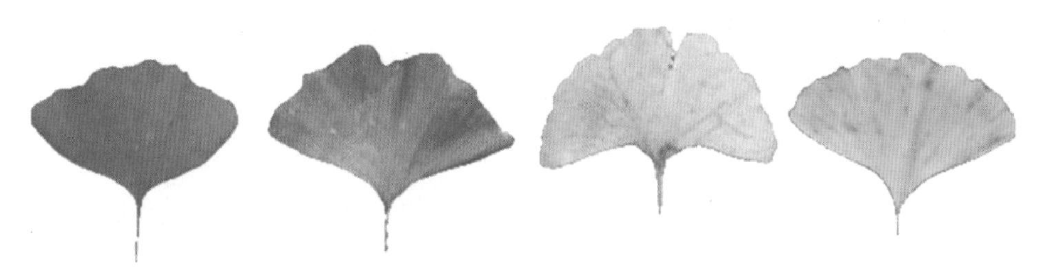

银杏叶颜色的变化

1. 尝试一下，将等体积的水和果汁同时放入冰箱，哪个会先结冰呢？由此，你对青菜将淀粉转变为可溶性糖以增强抗寒能力的机制有什么新的理解？

2. 为什么瓜果类蔬菜容易被霜冻坏，而青菜不但不会被冻坏，反而会更清甜？

2.2.6 另一种形式的植物“能量”

1. 石油植物

石油是指气态、液态和固态的烃类混合物。石油又分为原油、天然气、天然气液及天然焦油等形式。习惯上将“石油”作为“原油”的定义用，是一种黏稠的、深褐色液体。地壳上层部分地区有石油储存。石油的成油机理有生物沉积变油和石化油两种学说。前者较广为接受，即认为石油是古代海洋或湖泊中的生物经过漫长的演化形成，属于生物沉积变油，不可再生。后者认为石油是由地壳内的碳生成，与生物无关，可再生。石油主要用来作为燃油和汽油，也是许多化学工业产品的原料，被称为“工业的血液”。

那么，什么是石油植物呢？

石油植物是指可以直接生产工业用燃料油，或经发酵加工可生产燃料油的植物的总称。目前发现可以生产燃料油的植物主要属于大戟科，如续随子、黄连木、油桐等。

续随子的种子含油量较高，油中含有多种有毒物质，不可食用，工业上可用于制肥皂、软皂及润滑油等。

续随子的种子

黄连木的种子含油率约 42.46%，出油率为 20%～30%，油脂成分与普通柴油极为接近，非常适合作为转化生物柴油的原料。

黄连木的种子

油桐的果实含油量高，桐仁含油率高达 71.91%，是制造油漆和涂料的重要原料，也是新型环保化工原料。

油桐的果实

石油植物具有非常大的发展前景，是一种新能源，与其他能源相比具有许多优势：第一，石油植物是新一代的绿色清洁能源，在当今全世界环境污染严重的情况下，应用石油植物对保护环境十分有利。第二，石油植物分布面积广，若能因地制宜地进行种植，便能就地取木成油，而不需勘探、钻井、采矿，也减少了长途运输，成本低廉，易于普及推广。第三，石油植物可以快速生长，可实现规模化种植，保证产量，而且是一种可再生的种植能源，而非一次性能源。第四，植物能源使用起来要比核电等能源安全得多，不会发生爆炸、泄漏等安全事故。

2. 生物质能

生物质是指自然界一切有生命的可以生长的有机物质，包括动物、植物和微生物。而生物质能是指太阳能以化学能的形式储存在生物体内的能量形式，包括利用自然界的植物、动物粪便以及城乡有机废物转化成的能源。对人类来说，生物质能是便利的、经济的可再生资源。生物通过光合作用将二氧化碳和水结合形成糖，并在此过程中将太阳能储存在生物体内结构化合物的化学键中，构建生物质能。在这一过程中伴随着大量植物的繁衍生息，为人类的发展建设提供了可长期利用的能量材料。当前较为有效的利用生物质能的形式有以下几种：

（1）沼气。

生产和使用沼气是最早的通过生物转化提供能量的形式。沼气的主要成分是甲烷，是由产甲烷菌在厌氧条件下将有机物转化而成。

（2）乙醇。

乙醇作为能源具有诸多优良的特性，在过去的几十年里乙醇发酵效率迅速提高，新技术、新工艺不断涌现，生产规模也越来越大。巴西是世界上最大的进行乙醇发酵的国家，已经通过甘蔗发酵制取了近900亿升的乙醇，大量的石化能源被乙醇所代替。

（3）发电。

将生物质中的化学能转变为电能的生物制电过程主要有两种：传统的燃烧发电和生物电池。

传统的燃烧发电可以分为两种形式：一种是通过生物质在锅炉中燃烧，生成蒸汽，再由蒸汽发电；另一种是生物质气化产物燃烧制电。

生物电池的制电过程是在温和条件下，通过生物催化直接将化学能转变为电能的过程，其实质是利用与能量代谢有关的一些化学反应将生物体中的化学能转化为电能。

植物小百科

地钱，属苔藓植物门、地钱科、地钱属，叶状体呈皱缩的片状或小团块，湿润后展开呈扁平阔带状，多回二歧分叉，表面暗褐绿色。地钱为世界广布种，中国各地均有分布。生长于阴湿土坡、墙下、沼泽地湿土或岩石上。具有清热利湿、解毒敛疮之功效，常用于治疗湿热黄疸、疮痈肿毒、毒蛇咬伤、烫伤、骨折、刀伤等。

地钱

第3章

植物的繁衍

探　秘　植　物　世　界

3.1 植物的有性繁殖

问题探讨

花开花落自有时，植物的花开与花落是植物繁殖的必要过程。没有花开、凋落，就没有结果。没有结果，植物的有性繁殖终将受阻。请你停下繁忙的脚步，驻留在花海中，仔细观察，一起探索大千世界中千姿百态的花朵吧！

讨论：

1. 花的基本结构是什么？
2. 花的结构有哪些不同的类型？
3. 植物是怎样实现有性生殖的？

当植物通过根毛吸收了足够的水和无机盐，又进行了充分的光合作用获得了丰富的有机物后，一个植株生长成熟了。成熟的植物便会开出鲜艳的花朵，结出饱满的果实，形成种子繁育后代。这是生物的一个重要特征——繁殖。我们已经初步学习了花的基本结构，而在大千世界中花的形态千姿百态，花的每个基本结构中还有许多小秘密。通过本节的学习，让我们来进一步认识花的结构、开花和结果，即植物的有性繁殖。

3.1.1 花的基本结构

探究 · 实践

制作桃花模型

活动目的：

1. 了解花的基本结构。

2. 增强动手能力，感受自然的美。

材料准备：

红、黄、绿、咖啡色橡皮泥，细铁丝，纸杯1个。

制作步骤：

1. 准备：

剪取不同长度的细铁丝：1根15厘米（作整个花的支撑轴）、5根6厘米（作花瓣的支撑轴）、5根4厘米（作花丝）；分别揉直径约5厘米的咖啡色橡皮泥1团（作花柄、花托）、直径约2厘米的粉色橡皮泥5团（作花瓣）、直径约2厘米的绿色橡皮泥1团（作花萼）、直径约1厘米的绿色橡皮泥1团（作雌蕊）、直径约0.3厘米黄色橡皮泥5团（作花药）。

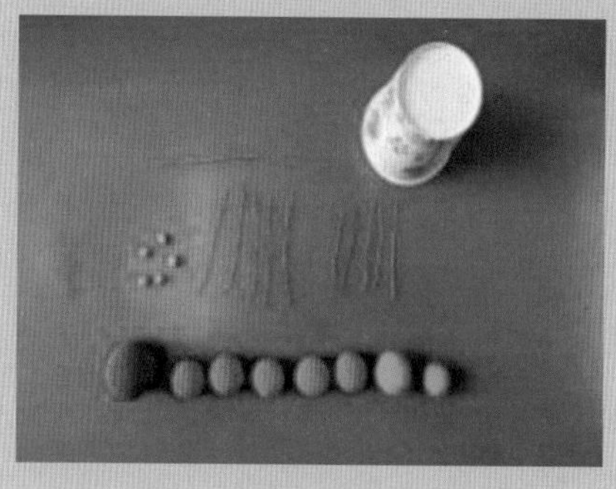

准备

2. 制作各部分：

将咖啡色橡皮泥捏成两端宽大、中间略细的花柄和花托。将粉色橡皮泥捏成团状，尖端向下分别插入5厘米长的细铁丝上展平，捏成花瓣状。将2厘

米绿色橡皮泥捏成有 5 个裂齿的盘状，捏成五角星状的花萼。将 5 团黄色橡皮泥捏成椭圆形，分别插入 5 根 4 厘米长的铁丝顶端，即雄蕊。将直径 1 厘米的绿色橡皮泥插入 15 厘米的细铁丝顶端，即雌蕊；顶端捏成小圆球，为柱头；中间捏成粗细均匀的棒状，为花柱；底端捏成略膨大的卵状，为子房；放入一粒黄色米粒大小颗粒，即为胚珠，且子房结构应有部分裸露，展现出胚珠。

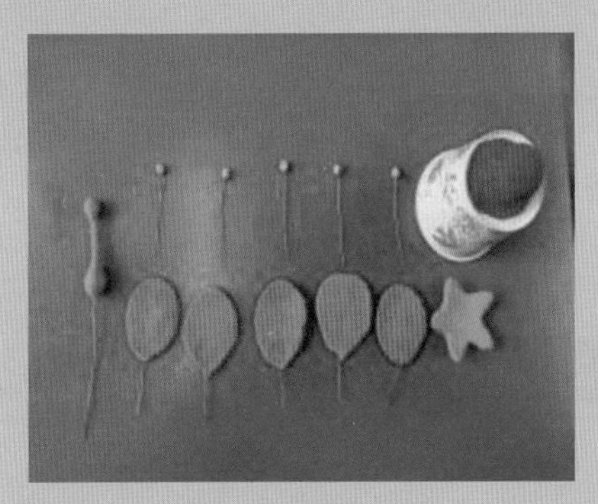

制作各部分

3. 组装：

将咖啡色花柄一端牢牢黏在纸杯底部，另一端接上花萼，从里到外依次将雌蕊细铁丝从中心插入，一直穿透纸杯底部固定，立于花萼之上。依次将雄蕊的 5 根铁丝均匀地插在花萼的裂口处，将花瓣的铁丝对着 5 片萼片均匀穿透花萼插入咖啡色花托固定。略做外形的调整，花的模型即完成。

组装完成

4. 贴标签：

用标签纸将花的各部分贴上标号，并在纸杯上用另一张标签纸标明花各部分结构的名称。

温馨提示：

1. 橡皮泥的颜色可换成自己喜欢的。

2. 可以尝试做成平面的图形。

3. 换一些材料来制作可能会有不一样的效果。

3.1.2 认识花各结构的多种类型

思考讨论

参考下图中花的基本结构，观察以下图片中的花，回答下面的问题：

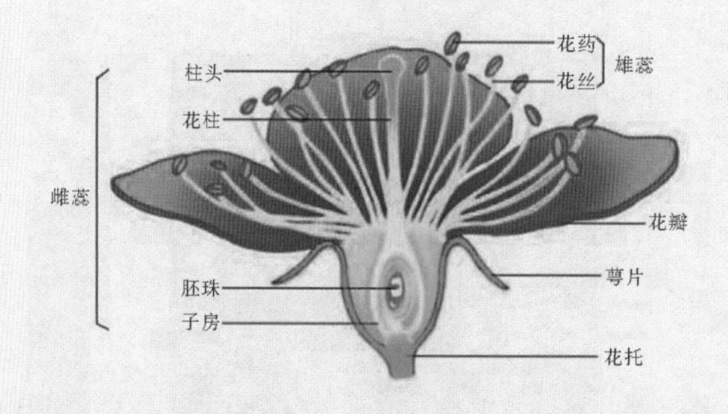

花的基本结构

1. 樱桃花和梅花的花柄在哪里？它们的特点各是什么？

樱桃花

梅花

2. 下图中各种植物的花托像什么形状？

桃花

玉兰花

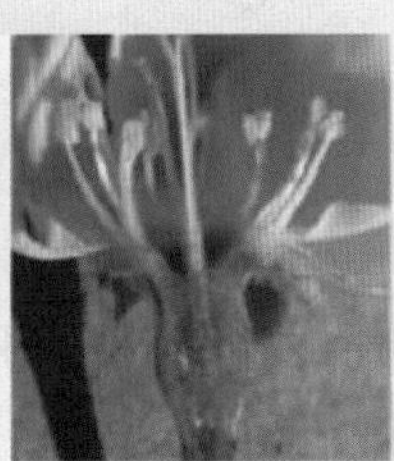

梨花

草莓花

莲花

3. 下图中花的萼片，从形态上看，属于合生萼的是__________，属于离生萼的是__________，有副萼的是__________。

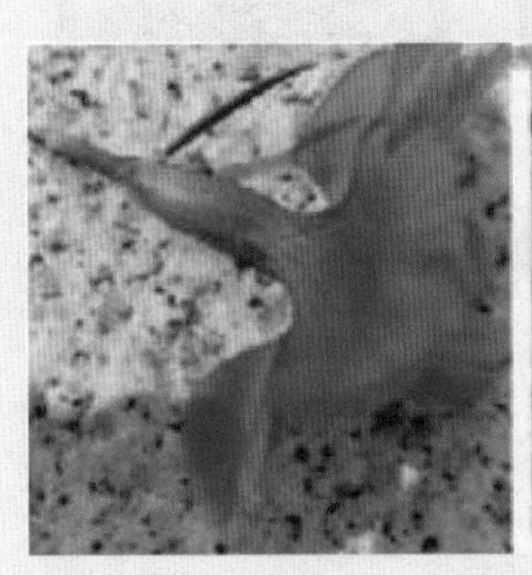

(a)

(b)

(c)

4. 下面两组图片中的花冠各有什么特点?

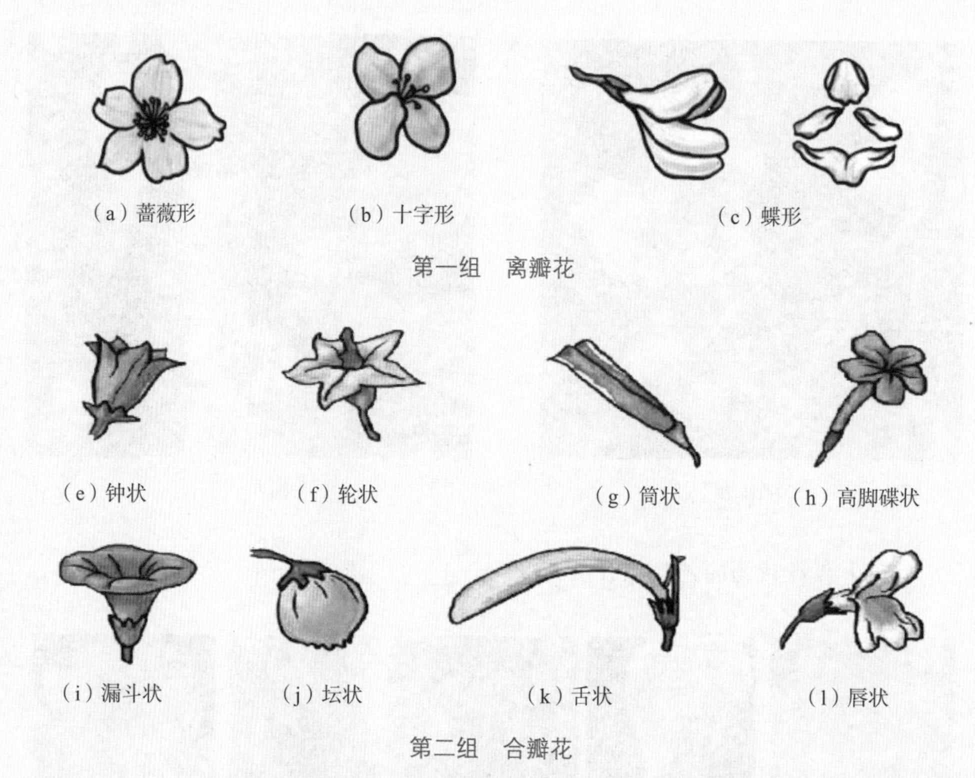

（a）蔷薇形　（b）十字形　（c）蝶形

第一组　离瓣花

（e）钟状　（f）轮状　（g）筒状　（h）高脚碟状

（i）漏斗状　（j）坛状　（k）舌状　（l）唇状

第二组　合瓣花

5. 对照上图，说出下列图片中花冠的类型。

桃花　丁香花　炮仗花　风铃草

菊花　薰衣草　油菜花　豌豆花

1. 花柄

花柄也称花梗，是连接花与茎的结构。有的花柄长，如樱桃花、垂丝海棠等；有的花柄较短，花朵紧紧地贴在茎上，如梅花。

2. 花托

花托是花柄顶端膨大部分，是花萼、花冠、雌蕊、雄蕊着生的部位。花托因植物种类不同而形状各异，有的花托凹陷成杯状，如桃花；玉兰花托成柱状；有的凹陷成瓶状，如梨花；有的向上凸起成碗状，如草莓；莲花的花托成倒圆锥状。

3. 花萼

花萼着生于花托的最外层，由若干萼片组成，结构像叶子，多为绿色，有保护幼花的作用。萼片联合在一起形成筒状称合生萼；萼片各自分离的称离生萼；着生有两轮萼片称二轮副萼。

4. 花冠

花冠位于花萼内侧，由若干花瓣组成，常有各种颜色和芳香味，可吸引昆虫传粉，并能保护雄蕊、雌蕊。不同颜色、不同形状的花冠装点着我们的世界，让我们获得了美的享受。与花萼一样，有的花瓣是各自分离的，即离瓣花冠；有的花瓣是互相联合的，即合瓣花。由 5 片大小、形状相似的花瓣组成，呈辐射对称，为蔷薇状花冠，如桃、梨；由 4 片花瓣组成，两两对生，即十字花冠，如油菜、白菜、萝卜等；由 5 片大小、形状各不相同的花瓣组成，似一只展翅欲飞的蝴蝶，即蝶形花冠，最上面一片大的花瓣称为旗瓣，两片小的花瓣称翼瓣，最下面的两片花瓣称龙骨瓣，如蚕豆、豌豆等豆科植物。

具有联合花瓣的花即为合瓣花冠，有的呈漏斗状，如牵牛花；有的呈舌状，如菊花；有的下部呈筒状，上部似唇形，即唇状花冠，如薰衣草；有的花基部较长，形成高脚碟状，如丁香花；有的似筒状，如炮仗花；有的似钟状，如风铃草。

5. 雌蕊群

雌蕊群是一朵花内所有雌蕊的总和，由一个或多个雌蕊组成，位于花中央，或花托顶部。

思考讨论

下图中的雌蕊属于哪种类型？

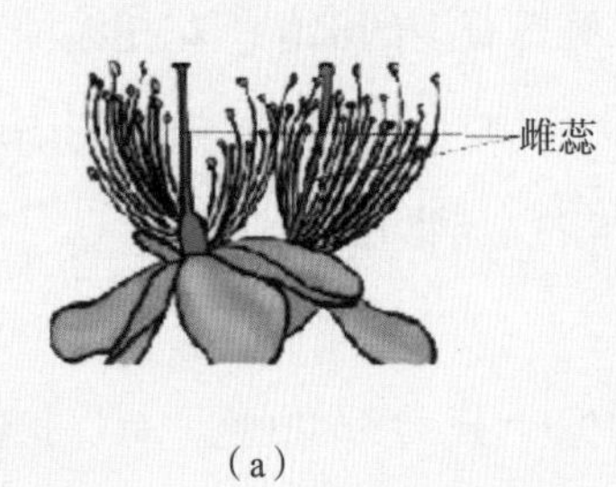

(a)

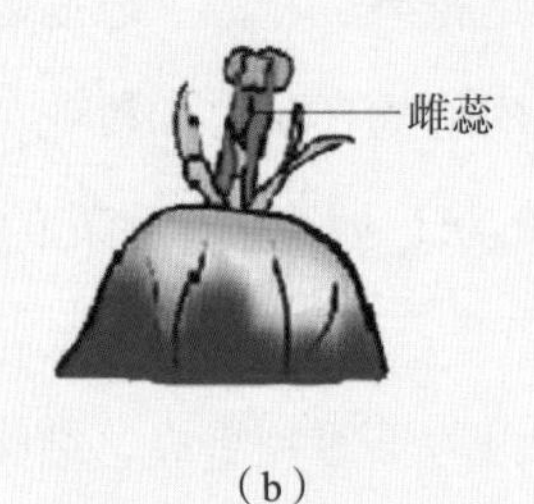

(b)

(c)

不同类型的雌蕊

提示：(a) 为单雌蕊，如大豆；(b) 为三心皮联合形成的复雌蕊，如棉花、番茄；(c) 为离生雌蕊，各雌蕊心皮分离生长，也属于单雌蕊。

6. 雄蕊群

雄蕊是被子植物花的雄性生殖器，其作用是产生花粉。雄蕊群是一朵花内所有雄蕊的总称。雄蕊有分离和联合的形状。离生雄蕊，即雄蕊分离，长短相近。根据雄蕊长短不同，又分为二强雄蕊（即两枚长、两枚短）、四强雄蕊（即四枚长、两枚短）。联合雄蕊即花丝联合，花药分离。单体雄蕊，即雄蕊多数，花丝下部联合成管状。二体雄蕊，即雄蕊 10 枚，花丝下部 9 枚彼此联合，1 枚单独存在，形成 2 束。多体雄蕊，雄蕊多数，花丝下部彼此联合形成多束。聚药雄蕊，雄蕊 5 枚，花药联合，花丝分离。

思考讨论

下图中的雄蕊属于哪一种类型？

不同类型的雄蕊

通过学习，同学们对花的结构是否又有了新的收获？花的这些结构特征是植物分类的重要依据。希望同学们在生活中多留意观察，发现关于花的更多秘密。

3.1.3 植物的有性生殖

1. 开花

当雄蕊的花粉和雌蕊发育成熟，或二者之一已经成熟，紧紧包住的花被张开即为开花，露出雌雄蕊为传粉做好准备。

各种植物的开花习性不同。一年或两年生植物，一生只开一次花，如牵牛花；多年生植物达到开花年龄，每年均会开花，如杜鹃；竹子虽是多年生植物，但一生只开一次花，开花后即死去。不同植物开花的季节虽不同，但大多集中在早春季节。有的先长叶再开花，有的先开花再长叶，如蜡梅、玉兰。各种植物开花的时间长短也不一样，有的只有几天，有的可持续一两个月，有的植物几乎终年开花，如桉树、可可、柠檬。

牵牛花　杜鹃

竹子开花　蜡梅

玉兰　桉树

2. 传粉

成熟的花粉从雄蕊花药或小孢子囊中散出后，传送到雌蕊柱头或胚珠上的过程称为传粉。

（1）按传粉的形式可分为自花传粉和异花传粉。

自花传粉，是指植物成熟的花粉粒传到同一朵花的柱头上，并能正常地受精结实，如水稻、小麦、棉花等。在自然条件下，有的植物花还未开放就已完成传粉，进一步结束受精，如豌豆和花生在花尚未开放时已完成传粉。

异花传粉，是指一株植物的花粉传送到另一株植物花的胚珠或柱头上，如油菜、向日葵、苹果树等。相较于自花传粉，这是自然界更为普遍的现象。

（2）按传粉媒介不同可分为虫媒传粉和风媒传粉。

多数有花植物是依靠昆虫传粉的，称为虫媒花。常见的传粉昆虫有蜂类、蝶类、蛾类、蝇类等。虫媒花多具有以下特点：有特殊气味以吸引昆虫；能产蜜汁；花大而显著，并有各种鲜艳颜色；结构上常和传粉的昆虫的形状相互适应。

虫媒传粉

以风作为传粉媒介称为风媒传粉。靠风媒传粉的称为风媒花或风媒植物。大部分禾本科植物和木本植物中的栎、杨、桦木等都是风媒植物。风媒花的特点是：花小、不明显、颜色不鲜艳，没有蜜腺和气味；花粉量多，光滑不粘，一般颗粒较小且质量轻，易于被气流带到很远的地方。

风媒花

3. 植物的双受精

（1）花粉的萌发。

落在柱头上的花粉粒被柱头分泌的黏液粘住，并促进花粉萌发形成花粉管。不同植物柱头上的分泌物成分和浓度各不相同，对花粉萌发起到抑制或促进的“选择”作用。对于亲和的花粉可以“认可”，对于不亲和的就予以“拒绝”。

（2）被子植物的双受精。

被子植物花粉管中的两个精子，随着花粉管的伸长而向下移动，最终进入胚珠内部，一个精子与胚珠中的一个卵细胞融合形成合子（受精卵），另一个精子与极核（通常两个）融合形成受精极核，这种两个精子与一个卵细胞和极核同时融合的过程称双受精。双受精后由合子发育成种子的胚，受精极核发育成种子的胚乳，为胚的发育提供养料。这种由两性生殖细胞融合形成受精卵，再由受精卵发育成新个体的生殖方式属于有性生殖。

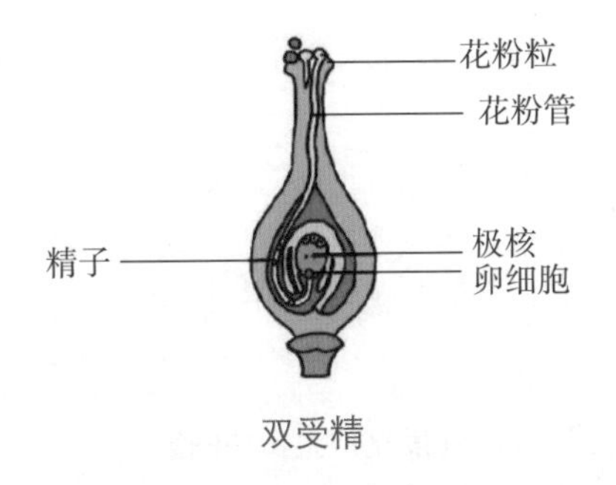

双受精

双受精是植物界有性生殖过程中最进化、最高级的形式，是雌雄配子融合在一起，把父母的遗传物质组合在一起形成双重遗传性的新个体，同时也可能形成新的变异。

4. 果实的发育

受精作用完成后，花萼、花冠、雄蕊以及雌蕊的柱头和花柱一般都会逐渐凋落，只有雌蕊的子房发育成果实。子房壁发育为果皮，胚珠发育成种子。胚珠中的受精卵发育成种子的胚，受精极核发育成胚乳。植物有性生殖正是通过种子发育成新个体，而实现物种的延续。

桃果实的形成

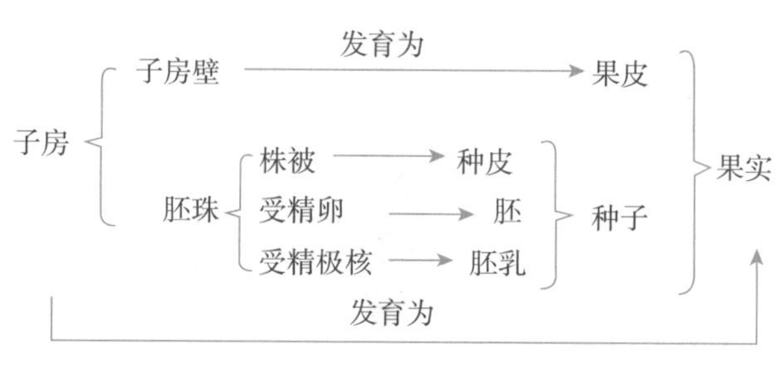

花发育成果实的图解

思考讨论

根据本节内容，你能将子房发育成果实的各结构与桃子果实的结构连接起来吗？请在下图中标出。

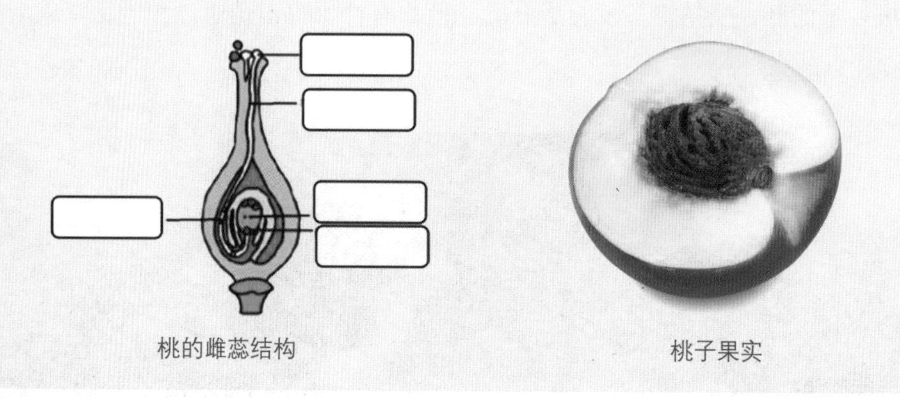

桃的雌蕊结构　　桃子果实

植物小百科

满江红，属蕨类植物门、满江红科、满江红属，是一种小型漂浮植物，植物体呈卵形或三角状，根状茎细长横走，侧枝腋生，假二歧分枝，向下生须根。满江红是一种绿肥作物，常见于稻田或水池中，因其与固氮藻类共生，故能固定空气中的游离氮，是稻谷的优良生物肥源。

满江红

3.2 植物无性繁殖技术

问题探讨

你见过下图中的植物吗？一棵植株上可以开出两种或多种颜色的花朵，这是采用植物无性繁殖技术嫁接实现的。

一棵植株上开出两种颜色的花

讨论：

1. 什么是无性繁殖？

2. 生产上植物的无性繁殖技术有哪些应用？

3. 植物的无性繁殖是怎样完成的？

3.2.1 无性生殖

无性生殖，指不经过两性生殖细胞的结合，由母体直接产生新个体的生殖方式。可以分为：分裂生殖（如细菌）、出芽生殖（如水螅、酵母菌）、孢子生殖（如真菌、苔藓、蕨类植物）、营养繁殖（如嫁接、扦插、压条、组织培养）。

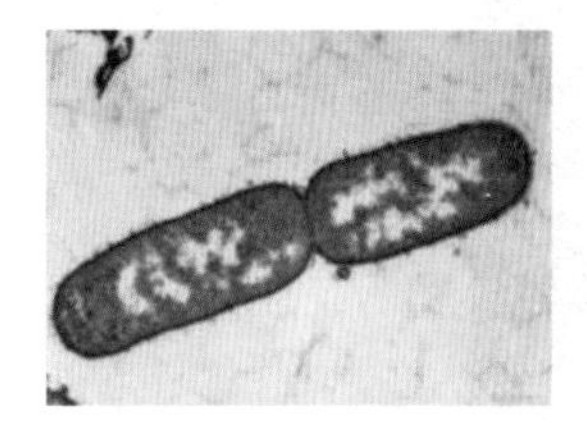
细菌分裂生殖

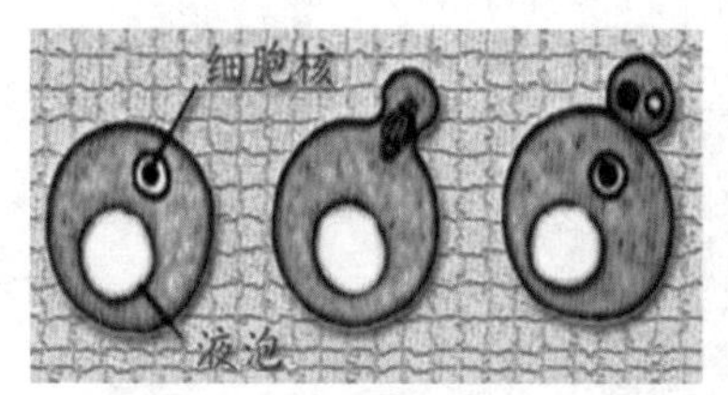

酵母菌出芽生殖

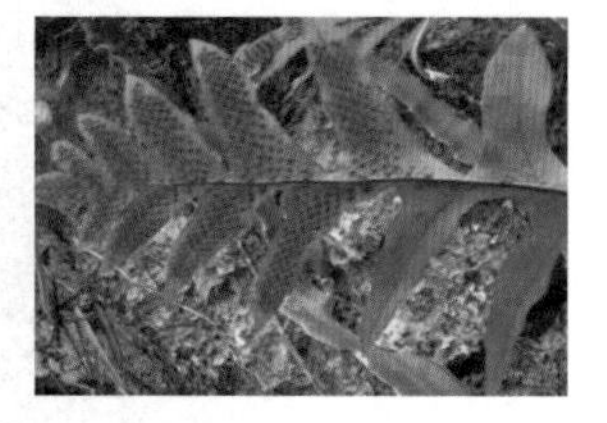
蕨类植物孢子生殖

3.2.2 植物的营养繁殖

1. 扦插

扦插是通过截取一段植株营养器官，插入疏松润湿的土壤或细沙中，利用其再生能力，使之生根抽枝，成为新株。

探究 · 实践

天竺葵扦插

实验目的：

1. 理解扦插的原理。

2. 学习扦插的技术，体验扦插的过程，掌握植物扦插成活所需的条件。

3. 增强动手能力，与植物亲密接触，感受生命的活力。

实验材料：

天竺葵、生根粉、纯净水 1 升、250 毫升广口瓶 4 个、电磁炉及不锈钢锅、500 毫升大烧杯、塑料袋 4 个、剪刀、玻璃棒、天平、小勺、100 毫升量筒 1 个、标签纸。

实验步骤：

1. 操作前保持植物不施任何肥料，浇水尽量充足。

2. 将纯净水煮沸冷却备用；广口瓶、玻璃棒、剪刀放入锅中煮沸 10 分钟。

3. 量取 400 毫升水，倒入 500 毫升大烧杯中，加入生根粉，配置浓度为 2% 的生根粉溶液，搅拌均匀（不同的生根粉浓度要求不同，依包装要求而定，量不宜过多）。

4. 将生根粉溶液分别倒入 4 个广口瓶，每瓶 100 毫升，贴上标签，标签分别标上 1 号、2 号、3 号、4 号。

5. 剪取生理状态相似的健康天竺葵老茎和嫩茎各 6 枝，长约 15 厘米，茎上有 2～3 个节点，每个节点距离越短越好，将茎下端 45 度角斜切，上端水平切断，去掉枝条上的叶片。

6. 1 号、2 号广口瓶各插入 3 枝天竺葵老茎段，3 号、4 号广口瓶各插入 3 枝嫩茎段，水的高度不要超过茎段的 5 厘米处。

7. 管理：

（1）湿度：将茎上端切口用塑料袋套起来，以减少水分散失，增加湿度；

（2）氧气：放在通风处让水中尽量充满氧，每天搅拌溶液 1～2 次增加氧含量，2～3 天换水一次（浓度为 2% 的生根粉溶液）；

（3）光照：有光照但不能是直射光；

（4）温度：20～25℃（春天或秋天较适宜）；

（5）生根时间：15～30 天。

8. 移栽：当长出4～5个根，长2～3厘米时，将茎段移栽到没有肥料的土壤中（使用没有肥料的土壤一来可以避免有机肥中杂菌感染，二来可以避免肥料对幼根的刺激）。

思考题：

1. 为什么第二步要将水煮沸，用具也要煮沸10分钟？
2. 为什么扦插枝条下端要切成斜口，上端要切成平口？
3. 天竺葵老茎更易生根还是嫩茎更易生根？请你重复试验，得出结论。
4. 我们还可以用哪些植物进行扦插繁殖？

2. 压条

压条，又称压枝，即将植物的枝条和茎蔓埋压于土中，或在树上将欲压的部分用土或其他基质包裹，使之生根后再从母体割离，成为独立的新植株。此法常用于木本花卉繁殖，如月季、米兰等。

压条

压条的特点在于先在母体上培育成活后再从母体隔离，所以成活率高且方法简单、易操作，对土壤没有特殊要求。同学们可以在家中尝试进行。

3. 嫁接

嫁接就是把一个植物的枝条或芽接到另一个植物体上，使结合在一起的两部分长成一个完整的植物体。接上去的枝或芽，叫作接穗；被接的植物体，叫作砧木或台木。

嫁接时应当使接穗与砧木的形成层紧密结合，以确保接穗成活。形成层是指植物茎部韧皮部与木质部间的具有分生能力的一层或多层细胞。接穗一般选用具 2～4 个芽的枝条，嫁接后接穗成为植物体的上部或顶部，砧木成为植物体的根系部分。

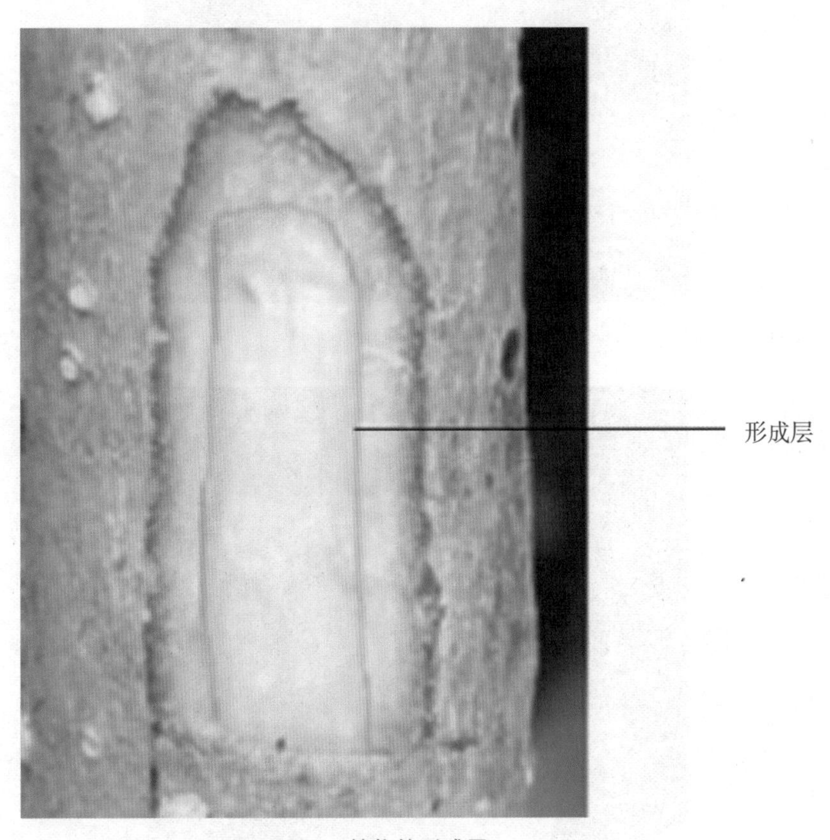

植物的形成层

嫁接的方法主要有芽接和枝接。用芽片作接穗的嫁接方法称芽接，根据接口的不同又分为“T”形芽接和嵌芽接。用枝条作为接穗的嫁接方法称枝接。

“T”形芽接

嵌芽接

探究·实践

月季嵌枝嫁接

实验目的：

1. 理解嫁接的原理。

2. 学习嫁接的技术，体验嫁接的过程。

3. 增强动手能力，与植物亲密接触，感受生命的奥秘。

实验材料：

月季花、美工刀、嫁接膜。

实验步骤：

1. 将砧木从中间劈开，约 2 厘米深。

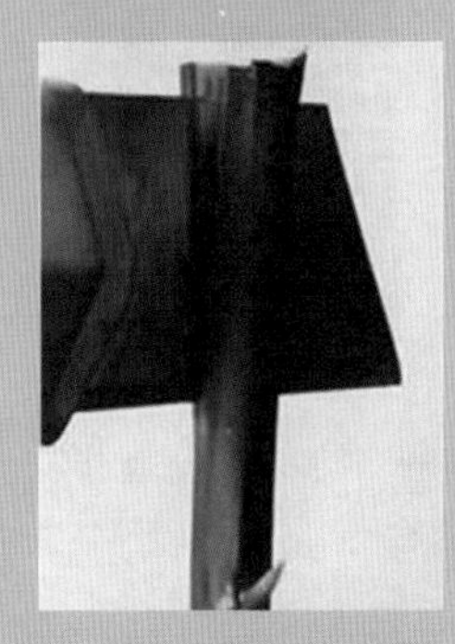

劈开砧木

2. 将接穗下端两侧削平，使其扁平。

削平接穗

3. 将接穗枝条插入砧木劈口，确保接穗一侧形成层与砧木一侧形成层紧密结合。

接穗插入砧木

4. 将接口用嫁接膜扎紧。

扎紧接口

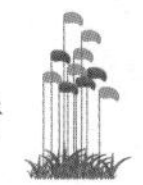

温馨提示：

嫁接是否成活的重要因素在于，砧木与接穗的形成层是否紧密接触。当然，嫁接是否成活还受温度、湿度、光照等环境因素的影响。

思考：

月季在春季、夏季和秋季中哪个季节嫁接成活率最高？（每个季节应选多株进行重复试验）

植物小百科

桫椤，属蕨类植物门、桫椤科、桫椤属。茎干较高，上部有残存的叶柄；叶片大，长矩圆形；终年常绿，无物候期。桫椤是现今仅有的木本蕨类植物，极其珍稀，1999 年被列入《国家重点保护野生植物名录》，为国家二级保护野生植物。

桫椤

第4章

植物的踪迹

探 秘 植 物 世 界

4.1 植物的分布

问题探讨

绿色植物在地球上分布非常广泛，不论是连绵起伏的陆地还是广袤无垠的海洋，不论是严寒冰封的极地还是酷热干燥的荒漠，都能找到它们的踪迹。中国国土幅员辽阔，植被类型丰富，几乎包括了除极地冻原以外所有主要植被类型。云南地处中国西南，生物多样性居全国之首，素有“动植物王国”的美誉，其中高等植物种类就占全国半数以上。

讨论：

1. 我国植被类型的分布受哪些环境因素的影响？

2. 在你去过的地区或者生活的城市，你见过哪些植被类型？

除了在极端环境条件下无植物生长外，地球岩石圈表面的大多数地区都生长着各种不同的植物，海洋和淡水生态系统中也分布着大量水生植物，它们的有机组合构成了各种各样的群落类型。某一地区所有植物群落的总体叫作该地区的植被，整个地球表面的植物群落称为世界植被。

在环境条件中，气候条件，例如水热的时空分布对植物群落分布起着重要作用。气候不同，群落类型也不同。同类型的植物群落可以出现在气候相似的不同地区。受不同气候因素影响，植物群落在世界陆地自然带的分布有着一定的规律。

我国自然地理环境复杂多样，植物群落分布受到气候、地形甚至土壤条件的影响。我国的植被分布具有明显的纬度地带性和经度地带性，另外还有海拔高度影响下的垂直地带性分布。

根据纬度地带性规律，地球接收到的太阳辐射从赤道向两极递减，我国陆地自然带由南向北分为：热带—亚热带—温带—亚寒带—寒带，其中温度条件为主要影响因素。

根据经度地带性规律，植被从大陆滨海地区（东）向内陆方向（西）显示自然带的逐渐更替，大致与经线方向平行伸展为条带状，其中降水条件为主要影响因素。

根据高山地区的垂直地带性分布规律，从山麓到山顶的水热状况随高度增加而变化，即高度每增加 100 米，温度下降约 0.6℃。以太白山地区森林垂直分布为例，由山麓到山顶依次为常绿阔叶林、针叶林—以栎树为主的落叶阔叶林带—夏绿阔叶林带、常绿松树林带—桦木林带—冷杉林带—高山灌木草甸带。垂直地带性分布在低纬度高山地区表现最为明显。

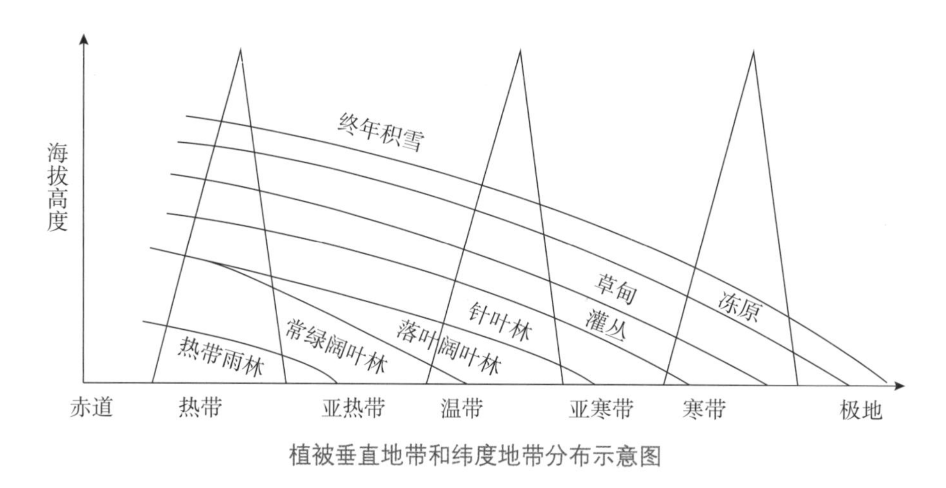

植被垂直地带和纬度地带分布示意图

探究·实践

探究不同海拔高度的植物对空气湿度的影响

海拔高度影响植物的分布，而不同植被类型也通过蒸腾作用影响着空气的湿度。我们来探究一下昆明市西山公园中不同海拔高度的植物对空气湿度的影响。

实验目的：

1. 学会用干湿计测量空气湿度的方法。
2. 学会用手机定位功能记录海拔高度。

3. 尝试分析实测的数据，说明不同植被对环境温度和湿度的影响。

实验材料：

干湿计 3 支、手表 3 块、记录本、智能手机（有定位并显示海拔高度功能）3 部。

实验步骤：

1. 分 3 个小组选择 3 个不同位置（如西山山脚、华亭寺、龙门）有较普遍均匀植被分布的地点，选择同一天内早、中、晚三个时间段分别测试 3 个位置环境的湿度。每次测试时要测量 3 个数据，测量时间相隔 5～10 分钟。例如，早晨在西山山脚测量 3 个数据并记录下来，算出平均值，将平均值作为该位置相对湿度的数值。

2. 开始实验前做好小组成员分工，测量山顶、山腰数据的小组成员预估好上山时间并做好个人安全防护。

3. 按照上述方案进行测量。探究过程中要认真观察，将数据如实记录在下表中。

一天中昆明市西山公园不同海拔高度的空气湿度

测量地点及次数		西山不同海拔高度								
		西山山脚			华亭寺（山腰）			龙门（山顶）		
		①	②	③	①	②	③	①	②	③
海拔高度（米）										
早晨	相对湿度（%）									
	相对湿度平均值（%）									
中午	相对湿度（%）									
	相对湿度平均值（%）									
傍晚	相对湿度 (%)									
	相对湿度平均值（%）									

4. 对所得的数据进行分析，得出结论，在全班进行交流。

思考：

1. 每次测量时为什么要测多组数据，而且要求出平均值？

2. 如测量当天有雾或者下雨，和晴天时测得的结果会有什么不同？

植物小百科

红豆杉，属裸子植物门、红豆杉科、红豆杉属。常绿乔木或灌木，植株可高达 30 米。秋天会长出樱桃大小的红色豆形果实，因此而得名。红豆杉是第四纪冰川遗留下来的古老树种，因生长缓慢、发育困难而极为稀少，被称作“植物界的大熊猫”。

红豆杉

4.2 中国植被的地理分布区和主要类型

我国几乎包括除了极地冻原以外所有主要植被类型，全国自然植被包括 29 种植被型、52 种亚型和 600 多个主要群系，主要分为八个区：

（1）寒温带针叶林带（大兴安岭北部等区域）；

（2）温带落叶阔叶林带（小兴安岭以南大部、三江平原、松嫩平原以东、长白山脉、千山山脉、辽河平原、辽东半岛、燕山山脉、华北平原、山东半岛、太行山脉、黄土高原和秦岭—淮河以北地区等区域）；

（3）亚热带常绿阔叶林带（秦岭—淮河以南、横断山脉以东、四川盆地、长江中下游平原、武夷山脉、南岭、云贵高原大部和台湾岛北部地区以及钓鱼列岛等区域）；

（4）热带雨林、季雨林带（云贵高原、广西南部、雷州半岛、海南岛、台湾岛南部、西沙群岛、中沙群岛、东沙群岛和南沙群岛地区等区域）；

（5）温带草原带（内蒙古草原、松嫩平原以西、大兴安岭以南、鄂尔多斯高原以北、六盘山以东地区等区域）；

（6）温带荒漠带（塔里木盆地、准格尔盆地和河西走廊大部分等区域）；

（7）高原高山植物区（青藏高原、柴达木盆地、天山山脉、麦积山脉、六盘山以西、横断山脉以西地区等区域）；

（8）高寒荒漠区域（西藏西北部荒漠区）。

4.2.1 大兴安岭北部寒温带针叶林带

我国大兴安岭北部的针叶林是欧亚大陆北方针叶林的一部分，属于东西伯利亚南部落叶针叶林沿山地向南的延续部分。大兴安岭山地海拔高度 1 100～1 400 米，最高峰海拔 2 029 米，年平均温度为 –1.2～–5℃，7 月平均气温为 16～20℃，全年积温为 1 100～1 700℃，无霜期约为 100 天，年均降水量为 750 毫米。

这里的植被有明显的垂直地带性分布现象。海拔 600 米以下的谷地中分布较多的是蒙古栎的兴安落叶松林，其他树种有黑桦、山杨、紫椴、水曲柳、黄檗等。林下灌木有二色胡枝子、榛子、毛榛等。

落叶松

海拔 600～1 000 米为杜鹃—兴安落叶松林，局部有樟子松林。林下灌丛有兴安杜鹃—杜香、越橘、笃斯越橘等。海拔 1 100～1 350 米为苔藓类—兴安落叶松林，还有红皮云杉、岳桦等少量乔木树种，林下藓类地被层很丰富，主要有塔藓、毛梳藓、树藓等，树干上有黑树发藓，但没有松萝。海拔 1 350 米以上为匍匐生长的偃松矮曲林，还有桦属植物和越橘。

笃斯越橘（长白山）

4.2.2 东北、华北温带落叶阔叶林带

本区包括东北东部山地，华北山地，山东、辽东丘陵山地，黄土高原东南部，华北平原和关中平原等地。由于南北热量条件的差异，可分为温带针叶落叶阔叶混交林带和暖温带落叶阔叶林带。

白杨（夏）

白杨（秋）

4.2.3 华中、西南亚热带常绿阔叶林带

本区包括秦岭—淮河到南岭之间的广大亚热带地区，向西直到云贵高原。这里气候温热多雨，无霜期为240～300天，年积温为4 500～7 500℃，年平均气温为14～21℃，最热月7月均温为28～29℃，年降水量为1 000～1 800毫米，集中在5—9月，不像华北地区那样特别集中。在这样温湿的气候下，植被主要是常绿阔叶林、常绿针叶林和竹林，在山地上部和石灰岩山地为落叶阔叶—常绿阔叶混交林。

香樟（昆十中求实校园）

4.2.4 华南、西南热带雨林、季雨林带

本区包括北回归线以南的云南、广东、广西、台湾的南部以及西藏东南缘山地和南海诸岛，全年积温为 7 500～9 000℃，年平均气温为 21～25.5℃，1 月平均气温为 12～20℃，年降雨量为 1 200～2 200 毫米。这里的代表性植被是常绿阔叶雨林和季雨林，树木有老茎生花、板状根、气根、滴水叶尖等热带植物形态特征，以及大量的藤本植物、绞杀植物、附生植物等热带植物生活型特征。按照热量条件和植被特点，本区域可分为热带雨林和季雨林两个植被带。

云南西双版纳热带雨林

绞杀植物

热带雨林植被分布类型中有一个独特的类群：红树林。

红树林是一种生长在热带海岸适应特殊条件的常绿灌木林，在我国广西、广东、福建、台湾等沿海地区常有分布，常见于不受风浪冲击的平坦海岸或海湾浅滩，生长基质为通气条件差的淤泥，并受海潮影响。

红树林

红树林主要由红树科的植物组成，以常绿灌木、灌木状小乔木为主，一般高度在10米以下。涨潮时仅树冠部分露出水面，退潮时才露出树干、支柱根和呼吸根。在群落外围支柱根尤其发达，常交织成网状，以抵御海水冲击。

红树植物是盐生植物，其枝叶具有不同程度的旱生结构。此外，红树具有“胎萌”现象：红树的花长在水面之上，传粉和受精卵的成熟过程都发生在树上，在落到水中之前，种子已经长成了小苗。小苗在母树上吸收足够的养分发育成熟，然后从母树上脱落。发育成熟的小苗如果在退潮后从树上落下，就能插入泥土中迅速生根；如果在涨潮时脱离大树，就会被潮水冲到其他地方长成新树。这为红树林在热带海岸普遍发育提供了保证。

红树林是海岸良好的防风浪植被，红树本身也是重要的生物资源。

秋茄树的“胎萌”现象

4.2.5 内蒙古、东北温带草原带

本区包括东北平原、内蒙古高原和黄土高原的一部分，年降水量为300～500毫米，属于温带半湿润、半干旱气候。植被主要为禾草草原，以耐旱的多年生根茎禾本科草类为主，植物有明显的旱生形态，如叶子卷曲、细长，深根系，茎、叶上有茸毛等。

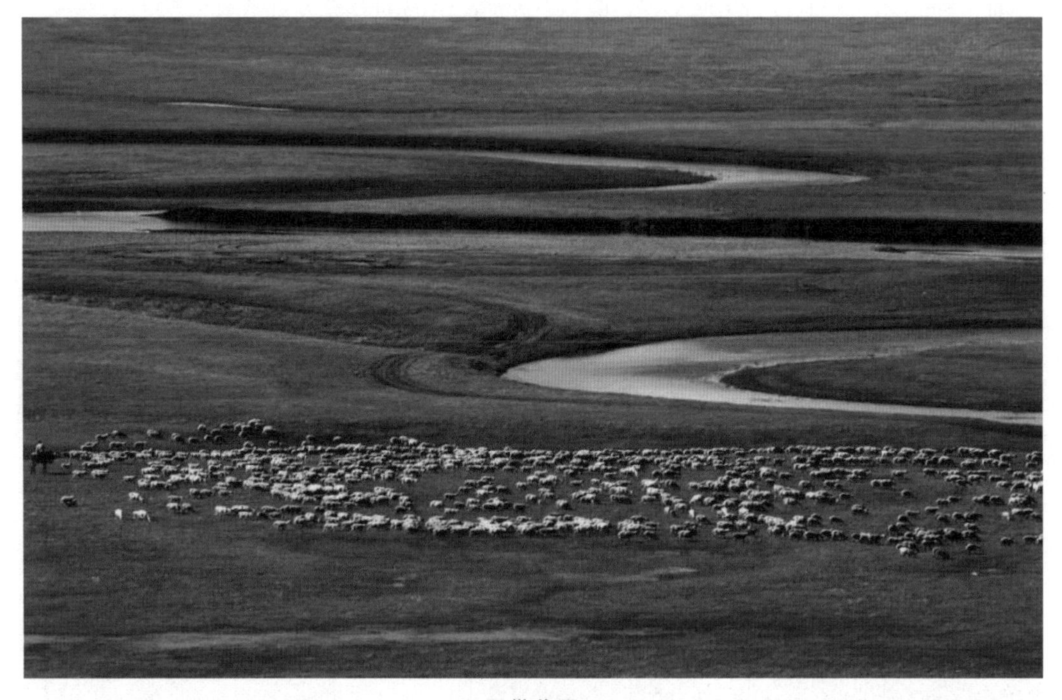

温带草原

4.2.6 西北温带荒漠带

我国荒漠地区年降水量大都在200毫米以下，很多地方不到100毫米，有的地方甚至不到10毫米，属于温带干旱气候和极端干旱气候。这里的植物普遍具有旱生特征：叶片缩小，叶子退化成刺或完全退化，茎、叶被有密集的茸毛，或出现肉质茎和肉质叶等，以减少水分蒸发或贮集水分；根系特别发达，有的深达十几米，有的根系重量是地上部分的8～10倍，以便增加从土层中吸收水分的深度和广度。我国荒漠带大致

可分为：温带灌木、半灌木荒漠带；北疆温带半灌木、小乔木荒漠带；南疆暖温带灌木、半灌木荒漠带。

甘肃张掖戈壁植被

4.2.7 青藏高原高山植物区

本区包括青海和西藏东南部的大部分地区，以及四川西部和云南西北部的部分地区，云南高寒草原香格里拉、曲靖等地也有分布。

云南会泽大海草山高山草原

高原海拔高度在4 000米以上，山地普遍超过5 000米，东部边缘的深切河谷可低于4 000米，年平均气温1～6℃，1月平均气温为–3～–10℃，7月平均气温为10～15℃，年降水量300～500毫米。植被的特点是草类普遍低矮、叶片小，以适应寒冷多风的气候。可分为高寒草甸带和高寒草原带两个植被带，常见植物有雪兔子、苞叶雪莲、塔黄等。

雪兔子

苞叶雪莲

水母雪兔子

塔黄生长在喜马拉雅山脉高山流石滩海拔 4 000 米以上的地区，属于多年生草本植物，通常生长 5～7 年后才开花结果，之后便死去，一生只开一次花，花序可达 1.5～2m。塔黄的苞片具有保温的作用，形成类似温室的结构，能有效提高苞片内部的温度，促进花粉的萌发和花粉管的生长。塔黄的苞片反射的光（含较多紫外线）容易吸引昆虫为其传粉，苞片产生的增温和遮风挡雨效果又能为传粉昆虫提供舒适的活动空间。由此可见，塔黄的苞片为种子发育创造了良好的条件，就像胎儿有母亲的子宫庇护一样，不会受到外界恶劣环境的影响。塔黄能在高寒高原的土地上世代繁衍正是得益于此。

塔黄

4.2.8 高寒荒漠区域

本区包括西藏西北部，气候寒冷而干燥，海拔高度在 5 000 米以上，年降水量在 100 毫米以下，有的地方不足 20 毫米，全年平均气温在 –2℃左右，夏季白天气温可达 20℃以上。植被以垫状驼绒藜、藏亚菊、蒿类为主。

垫状驼绒藜

4.2.9 云南的生物多样性

云南地处中国西南，位于青藏高原东南缘，区内最高海拔 6 700 米、最低海拔不足 100 米，高原山地约占 94%。云南面积 39.4 万平方千米，仅占全国的 4.1%，却囊括了地球上除海洋和沙漠外的所有生态系统类型，素有“动植物王国”的美誉，各大生物类群物种数约占全国的一半，其中高等植物 19 333 种，占全国的 50.1%。

云南生物多样性居全国之首，是中国重要的生物多样性宝库和西南生态安全屏障。云南的生物多样性具有丰富性、特有性和脆弱性三大特点，有农作物及其野生近缘种数千种，是亚洲栽培稻、荞麦、茶、甘蔗等作物的起源和分化中心。

云南于 1958 年建立第一个自然保护区——西双版纳自然保护区，截至目前已建立各类自然保护区 166 处、自然保护地 362 处。

2021 年 10 月，联合国《生物多样性公约》第十五次缔约方大会在云南省昆明市召开。大会审议通过了《2020 年后全球生物多样性框架》，确定了 2030 年全球生物多样性新目标。每年 5 月 22 日是国际生物多样性日，2022 年国际生物多样性日的主题为“共建地球生命共同体”。

云南哀牢山

各类自然条件并不是孤立存在的，它们相互影响、相互制约，综合形成特定的生态环境，对植物产生影响。一方面，植物接受环境对其深刻影响，形成了植物生长发育的内在规律；另一方面，植物对环境的变化产生不同的反作用，进而改变着环境。这两方面构成了植物与环境之间辩证统一的关系。

探究·实践

绘制校园植物地图

被誉为“春城”的昆明气候适宜、水分充足，有着丰富的植物物种。昆十中求实校区中的植物种类也非常丰富，且拥有许多珍稀物种。请你根据求实校园中的植物的专属铭牌，绘制校园的植物地图。

活动方案：

1. 6～8 人为一组，以小组为单位进行活动。
2. 绘制校园平面简图。
3. 在校园内进行调查记录。
4. 各小组可以发挥创意，将调查的植物分布情况绘制成具有小组特色的校园植物地图。
5. 调查过程中注意保护校园绿化并做好自身安全防护。
6. 展示和交流：以班级为单位，在各年级文化展示栏中进行展示评比，也可以借助校园新媒体平台进行广泛宣传。

植物小百科

马尾松

马尾松，属裸子植物门、松科、松属，常绿乔木，稀灌木，有树脂，树皮红褐色，下部灰褐色。枝平展或斜展，树冠宽塔形或伞形，枝条淡黄褐色，无白粉或稀有白粉，无毛。叶鞘初呈褐色，后渐变成灰黑色。雄球花淡红褐色，圆柱形，弯垂。一年生小球果，圆球形或卵圆形，褐色或紫褐色。种子长卵圆形。叶缘具疏生刺毛状锯齿。

第5章

植物的价值

探　秘　植　物　世　界

5.1 观赏价值

问题探讨

桑树可谓全身都是宝，叶为桑蚕饲料，木材可制器具，枝条可编箩筐，树皮可作造纸原料，桑葚可供食用、酿酒，叶、果和根皮可入药。可见，植物与人类的关系密不可分。植物具有美化环境、提供食材、治疗疾病等作用，对于人类的生产生活都具有重要的价值。

讨论：植物有哪些价值？

植物拥有着极其丰富的色彩，这在园林植物景观中极为重要，是最能被人直观感受到的。大到植物的整体形态，小到各部分的结构，甚至微观的细胞结构，无不展现出独特的美，这些极具自然性的美学特征对景观设计具有重要参考价值。园林设计中常常利用植物形态实现景观效果，使景观设计更生动灵活、富有变化。

5.1.1 盆栽、盆景与插花

盆栽想必大家并不陌生，各家各户基本都会种植，例如发财树、龟背竹、散尾葵、绿萝、吊兰、栀子花、茉莉花、文竹等均为常见室内盆栽植物，它们不仅具有较高的观赏价值，而且能净化空气，有的还有美好寓意。

盆景是以植物和山石为基本材料，在盆内表现自然景观的艺术品。盆景一般选择松类（五针松、罗汉松、马尾松等）、柏类（圆柏、翠柏、刺柏等）、叶木类（三角枫、红枫、苏铁等）、杂木类（黄杨、雀梅、小叶女贞等）。盆景分为树桩盆景和水石盆景。树桩盆景是将木本植物栽植在盆中，经过多年修剪、绑扎、施肥等加工的一种艺术品。

水石盆景则是采用各类山石，通过艺术加工，配以植物、配件等，布置于浅盆中的一种盆景。

龟背竹　散尾葵　绿萝

盆景

插花在日常生活中也比较常见，人们往往通过插花传递一种情感与情趣，使人看后赏心悦目。插花一般可选择鲜切花或者干燥花，形式多样，可根据个人喜好进行搭配。

探究·实践

插　花

插花是一种历史悠久的传统文化活动。插花即对花枝进行修剪并依次分插，经过巧手修剪、层次搭配、精心点缀等步骤，将原本一支支普通的花草变成精致漂亮的花艺作品。

活动目的：

通过插花活动感受植物的观赏价值。

活动材料：

玫瑰、月季、百合、洋桔梗、银叶菊、散尾葵等。

活动提示：

插花讲究“高低错落、疏密有致、虚实结合、上轻下重、上散下聚”。在插花作品中需注意：一是创意（或称立意），即作品要表达什么主题、选择什么花材；二是构思（或称构图），指的是花材怎样巧妙配置造型，在作品中充分展现出各自的美；三是插器，指的是与创意相配合的插花器皿。三者有机配合，作品便会给人以美的享受。

5.1.2 草坪、行道树与花坛

草坪是指以禾本科植物为覆盖，并以其根和匍匐茎充满土壤表层的地被。它适用于美化环境、净化空气、保持水土、提供户外活动和体育运动场所。现代国际上常将草坪覆盖面积作为衡量现代化城市建设水平的重要标志之一。用于城市和园林中草坪的植物主要有结缕草、野牛草、狗牙根草、地毯草等。

行道树是指种在道路两旁，给车辆和行人遮阴并构成街景的树种。行道树可以美化城市、净化空气、减少噪音等。常见的行道树有法国梧桐、垂柳、银杏、白桦、榆树等。云南芒市的行道树比较有特色，多选择果树，如波罗蜜、杧果、桂圆、荔枝、蜜柚等，让人在欣赏的同时垂涎三尺。

花坛是按照一定图案栽植观赏植物，以表现花卉群体美的园林设施。花坛用草花宜选择株形整齐、花期长、花色鲜明、耐干燥、抗病虫害和矮生性的品种。常用的有金鱼草、雏菊、金盏菊、鸡冠花、矮牵牛、一串红、万寿菊、三色堇、百日草等。

芒市行道树

2021年在昆明召开联合国《生物多样性公约》第十五次缔约方大会期间，昆明街头搭建了很多立体花坛。其中“共生共融”立体花坛高7.5米，长18.4米，仅立面就用了包括来自日本三得利花卉育种的无性品种矮牵牛索菲妮亚系列、舞春花百万铃大花系列、美女樱华彩球系列，来自美国特拉诺瓦育种公司的矾根卓越系列、永恒系列、无性彩叶草绿灯侠，来自德国Westhoff育种的六倍利火特系列、舞春花变色龙系列、糖果店系列、矮牵牛希尔斯系列等70个品种、34万株新优花卉品种穴盘苗。花坛造型为春城昆明少女化身的仙子，她身披繁花，捧起一滴浓缩了憨态可掬的熊猫、追蝶嬉戏的孩童、休憩静立的绿孔雀、报春吐香的梅花等元素的水滴，寓意捧起生机勃勃的自然与和谐美好的明天。仙子头上的花环由昆明市花山茶花、市树玉兰花、高山花卉绿绒蒿组成，展现云南植物多样性。

“共生共融”立体花坛

5.1.3 园林景观

园林景观就是在一定的地域范围内，运用园林艺术和工程技术手段，通过改造地形，种植树木、花草，营造建筑和布置园路等途径，建成美的自然环境和生活、游憩境域。园林景观设计中常常借助不规则的植物形态实现景观效果，使景观设计更自由灵活、富有变化。不同国家的园林景观设计有很多不同的风格，如欧洲古典园林景观、英国乡村庭园景观、日本庭院园林景观等。中国古典园林独树一帜，有重大成就，蕴含优秀传统文化，是人类文明的重要遗产。

被誉为“云南第一园”的安宁楠园，由我国著名古建筑专家、园林专家陈从周先生设计并主持建造，几乎是完整体现其园林理论和思想的孤本作品。建园材料以楠木为主，辅以香杉木、云冷杉等，楠园因此得名。

安宁楠园

像这样的设计还有很多，昆十中求实校园中也采用在不同的区域种植不同种类的植物这种方式来提升校园观赏美感。由此可见，植物具有重要的观赏价值。

昆十中求实校园中的“荷塘月色”

植物小百科

罗汉松

罗汉松，属裸子植物门、罗汉松科、罗汉松属。乔木；株高，树皮浅裂，成薄片状脱落；枝条开展或斜展，小枝密被黑色软毛或无；顶芽卵圆形，芽鳞先端长渐尖；叶螺旋状着生，革质，线状披针形；雌球花单生稀成对，有梗；种子卵圆形或近球形。罗汉松因红色肉质种托似罗汉的袈裟，种子似罗汉的光脑袋，故得名。

5.2 食用价值

人类的食物大多都直接或间接地来源于绿色植物。各类谷物、果蔬为人类提供了丰富的营养。植物不仅能够直接食用，还可制成饮料，如咖啡、茶、葡萄酒、啤酒等。糖主要是从甘蔗和甜菜中提取的。食用油来自玉米、大豆、花生、葵花籽、橄榄等。植物可加工为食品添加剂，包括阿拉伯树胶、瓜尔胶、刺槐豆胶、淀粉和果胶等。

不同植物的食用部位不一样，常见植物食用部位如下：

（1）根：萝卜、胡萝卜、甘薯、地瓜、甜菜等。

（2）茎：莴笋、甘蔗、芹菜、莲藕、姜、马铃薯、洋葱、大蒜、茭白等。

（3）叶：白菜、菠菜、韭菜、包菜、生菜、香菜等。

（4）花：花椰菜、黄花菜、西蓝花等。

（5）果实：桃子、梨、苹果、香蕉、荔枝、橙子、番茄、西瓜、柿子、草莓等。

（6）种子：瓜子、芝麻、杏仁、松子、核桃、板栗、西瓜子、开心果、水稻、玉米等。

链接生产生活

云南常见野菜

1. 蕨菜，又名蕨苔、龙头菜、猫爪菜，可食用部分是未展开的幼嫩芽叶及上半段娇嫩的茎。蕨菜富含人体需要的维生素 A、C、E 等多种营养素。其中的膳食纤维可减少肠胃对脂肪的吸收，还可促进胃肠蠕动，具有通气、通便的作用。

2. 鱼腥草，又名折耳根、截儿根，味辛，性寒凉，能清热解毒、消肿疗疮、利尿除湿、健胃消食。一般凉拌食用，还可炒鸡蛋、煮粥等。

3. 香椿，含有丰富的钙、磷、钾、钠，以及维生素B、C、E等营养成分，具有抗菌的作用，是辅助治疗肠炎、痢疾、泌尿系统感染的良药。需要注意的是，香椿含有亚硝酸盐，尤其老叶中含量高。因此，要选择鲜嫩的香椿芽，而且食用前一定要用沸水焯烫，可去除大部分亚硝酸盐，从而减少亚硝酸盐的摄入。

4. 枸杞尖，是初春枸杞长出的嫩苗，能清火明目，治疗咽干喉痛、肝火上扬、头晕等。略带苦味，爽口，一般可凉拌、清炒、炒鸡蛋等。

5. 棠梨花，又名川梨、棠刺梨，富含维生素、氨基酸和人体所需的十几种矿质元素，具有清肺、止咳、润喉的功效。爽口下饭，带有浓郁花香，可炒食、凉拌，也可做汤，是不可多得的山珍佳肴。

6. 芭蕉花，是芭蕉科植物芭蕉的花蕾或花，鲜甜味。傣族人家的炒芭蕉花是一道极具民族风情的美味佳肴。

蕨菜

鱼腥草

香椿

枸杞尖

棠梨花

炒芭蕉花

思考讨论

想一想：植物有哪些食用价值？

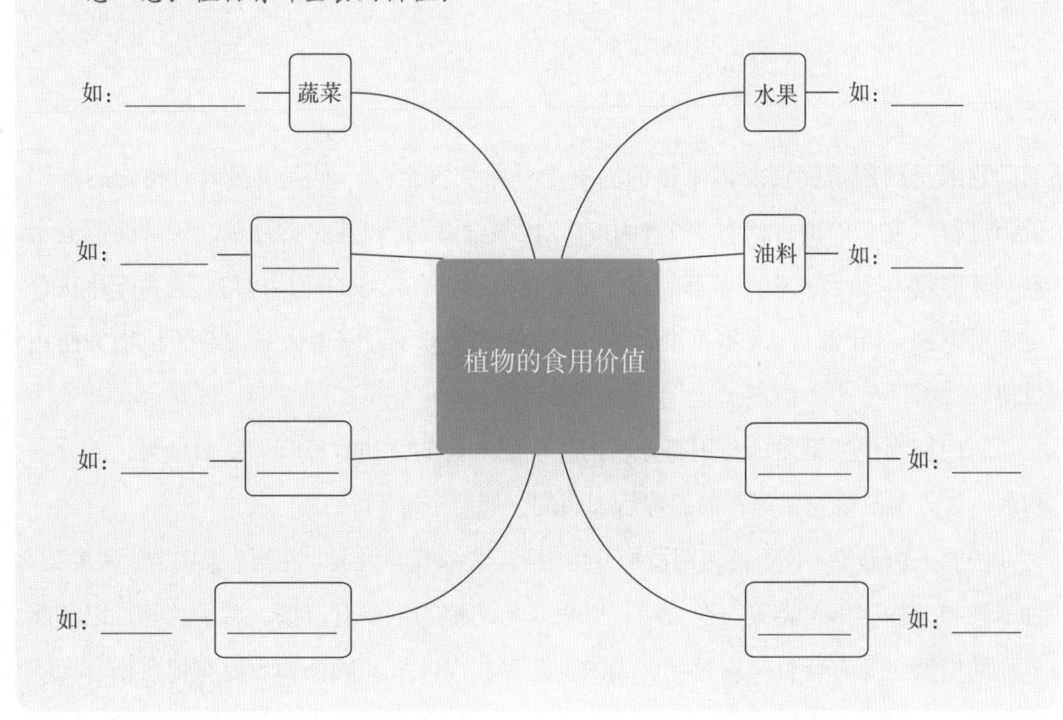

植物小百科

马缨花，又名马缨杜鹃、苍山杜鹃、绣球杜鹃，属被子植物门、杜鹃花科、杜鹃花属。常绿灌木或小乔木，高3～12米。枝条粗坚，直立，初生有丛卷毛；树皮棕色，呈不规则片状剥落；芽卵圆形，芽鳞多数，里面密被白色绒毛；单叶互生；叶柄长1～2厘米，有腺点。

马缨花

5.3 药用价值

我国是药用植物资源最丰富的国家之一，从古至今，便有很多人对植物的药用价值进行研究。中国古代有关史料中有“伏羲尝百药”“神农尝百草，一日而遇七十毒”等记载。《诗经》中的芣苢、蝱、谖草等植物具有较好的药用价值，为古今中医药学者所重视，《山海经》《本草纲目》《植物名实图考》等书也大量记载了植物的药用价值。

药用植物种类繁多，药用部分不同。全部入药的，如益母草、夏枯草等；部分入药的，如人参、曼陀罗等；需提炼后入药的，如奎宁等。

按照入药部位不同，将药用植物分为根类、茎藤类、叶类、花类、果实类、树皮类、种子类和全株（草）类等。在云南，以根入药的植物主要有滇杨、君子兰等；以茎藤入药的植物主要有紫竹、扁竹兰、蝴蝶荚蒾等；以叶入药的植物主要有银白杨、大叶桉等；以花入药的植物主要有山茶、金银花等；以果实入药的植物主要有樟、竹叶花椒、南天竹等；以种子入药的植物主要有银杏、桃等。

按照药用功效的不同，将药用植物分为清热药类、止血药类和其他药类。清热药类主要有芦荟；止血药类主要有龙舌兰等；其他药类主要有活血化瘀的银合欢、杜仲等。

益母草

金银花

链接生产生活

云南白药原名“百宝丹”，由云南名医曲焕章创制。曲焕章原来是云南江川一带有名的伤科医生，后为避祸乱，游历滇南名山，求教当地的医生，研制出“百宝丹”，还研制出虎力散、撑骨散的药方。

传说有一天，曲焕章上山采药，看见两条蛇正在缠斗。过了一会儿，其中一条蛇败退下来。这条气息奄奄的蛇爬到一块草地上蠕动了起来，不久，奇迹发生了，蛇身上的伤口竟愈合了。曲焕章等蛇爬走后，拿起那草仔细辨认，他认定这草一定有奇效。于是，曲焕章结合自己平时疗伤止血的经验，苦心钻研，改进配方，历经十载，终于创制出了“百宝丹”。1931 年，曲焕章在昆明金碧路建成“曲焕章大药房”，独家制售“百宝丹”。1956 年，曲焕章的妻子缪兰英向政府献出该药的配方，之后云南白药开始在其他药厂生产。

云南白药的主要成分是三七。三七又名田七，明代著名药学家李时珍称其为“金不换”。清朝药学著作《本草纲目拾遗》中记载：“人参补气第一，三七补血第一，味同而功亦等，故称人参三七，为中药中之最珍贵者。”

三七花：全株三七生长期内只开一朵

三七花是整株三七最稀有的部分。三七花以花朵紧簇、完整为最佳；又以生长年数划分等级，常见为一年至两年生，三年生为上品，四年生则极其珍贵。

三七红果：三七花授粉后所结种子

在三七主生产地云南文山，三七授粉都为人工完成，需要播种前一季统一定量授粉，而多数三七花则任其继续生长，从而保证不同年份三七花的产量，因此有三七花年份之区分。

三七头：三七主块根，按头数分级

三七头被誉为“南国神草”“人参之王”，早在明朝初期被列入宫廷进补清单。按照头数不同可将三七头分为不同等级。三七头常打粉食用。

三七根：适合煲汤

这里的三七根所指的是三七须根部分，其营养价值稍逊于三七主块根（三七头），一般用于煲汤入料。

植物小百科

红花檵木，又名红继木、红梽木、红桎木、红檵花、红梽花、红桎花等，属被子植物门、金缕梅科科、檵木属。常绿灌木或小乔木。树皮暗灰或浅灰褐色，多分枝；叶革质互生，卵圆形或椭圆形，先端短尖，基部圆而偏斜，不对称，两面均有星状毛，全缘，叶面暗红色，背部偏灰。

红花檵木

5.4 原料价值

我们的日常用品中有许多是由植物原料制成的。来源于树的木材用途非常广泛，根据木材本身的质地等，可用来做建筑材料或家具，如杉木具有较强的耐腐力，不容易被白蚁啃噬，可以用作地板的原材料。红木颜色较深，古香古色，适用于做传统家具。檀木收缩率小、不翘裂、耐腐蚀，且具有特殊香味，经常用作装饰家具，如屏风。梨花木颜色多样，纹理若隐若现，木质坚硬，耐摩擦，常雕刻成手串和做成高档家具。

杉树

红木家具

紫檀屏风

许多草本植物的秸秆是生产纤维制品的原料，如芦苇秆现已被广泛用于制造纸张。

芦苇

橡胶是一种常见的工业原料。天然橡胶多数来自生长在巴西和东南亚地区的橡胶树。人们在橡胶树的树皮上划一个小口，就会流出乳状树液，这就是乳胶原料。乳胶原料经干燥和加工后可制成轮胎、胶水和其他多种产品。

割胶

松科、杉科的树皮及果鳞片都富含单宁，可用作植物原料提取栲胶。栲胶是由富含单宁的植物原料经水浸泡和浓缩等步骤加工制得的化工产品。通常为棕黄色或棕褐色，粉状或块状。主要用于鞣皮，制革业上称为植物鞣剂。此外还用作选矿抑制剂、钻井泥浆稀释剂和金属表面防蚀剂，凝缩类栲胶也作木工胶粘剂。

植物小百科

三角梅，属被子植物门、紫茉莉科、叶子花属，为常绿攀缘状灌木，茎粗壮，枝下垂，无毛或疏生柔毛，叶片纸质，卵形或卵状披针形，花顶生枝端的三个苞片内，花梗与苞片中脉贴生，每个苞片上生一朵花。三角梅得名有两个原因：一是三角梅一般有三枚花瓣；二是三角梅的单个花瓣形状为三角形。

三角梅

5.5 文化价值

植物被人们赋予了丰富的文化内涵，在情感表达和文化传播方面有着重要作用。植物由于具有某些特性或传说故事等而被人们赋予精神层面上的文化意蕴。中国人民自古热爱自然、热爱植物，人们往往通过题诗作词来表达对植物的赞美或以植物寄托情感。春城昆明，四季如春，繁花似锦。山茶花是昆明的市花，曾有很多文人学者为它题诗。

山茶花

［明］杨慎

绿叶红英斗雪开，
黄蜂粉蝶不曾来。
海边珠树无颜色，
羞把琼枝照玉台。

盘龙寺山茶花歌

方树梅

天下茶花滇最奇，
盘龙茶花滇亦稀。
药师殿前两虬干，
传是植自莲峰师。

山茶花

此外，被称为“花中四君子的”的梅、兰、竹、菊也常是文人墨客笔下的素材。昆十中求实校园中也有不少这些植物，每当看到它们时，你是不是也想题诗一首呢？

梅的“自强不息”

题诗

兰的“清新淡雅”

题诗

竹的“气节”

题诗

菊的“淡泊名利”

题诗

莲的“出淤泥而不染”

题诗

松的“坚毅”

题诗

植物与人类的衣、食、住、行息息相关，植物与人类相互依赖、共融共存。

《诗经》中记载了130多种植物，从植物学的角度来审视《诗经》时，会发现别样的风景。人栖身于草木世界中，追随植被而迁徙，草木生长的状况直接影响人的生存环境。自然界万物中唯有植物可以依照冬去春来、花开花落进行生命的无限轮回。植物的生命能够延绵不绝，年年硕果累累，而人的生命只有一次，这样看来植物的生命力更强大，更有延续性。英国人类学家弗雷泽说，“整个世界都是有生命的，花草树木也不例外。它们跟人们一样都有灵魂，应该像对待人类一样地对待它们”。

植物中蕴含着深刻哲学思想和人文精神，亲近绚丽的花草树木，发现生活中的真善美，努力提升生命的质量，对涵养健康人格、塑造高贵灵魂、陶冶高尚情操、磨炼意志品质，培养德智体美劳全面发展的时代新人，有着积极的现实意义和深远的历史意义。

植物小百科

蜡梅，属被子植物门、蜡梅科、蜡梅属，落叶灌木，高达4米，花被外轮蜡黄色、内轮黄色，有光泽蜡质、紫色条纹，呈浓香，花托坛状，口部收缩，果托近木质化，坛状或倒卵状椭圆形。李时珍的《本草纲目》记载，此物本非梅类，因其与梅同时，香又相近，色似蜜蜡，故得此名。

蜡梅

5.6 其他价值

在生态系统中，植物能涵养水源、保持水土，对于促进大自然的水循环方面有重要作用。人类生存离不开水，植物生长也需要从地下不断汲取水源。植物通过蒸腾作用，使水分从气孔散失，从而增加空气的湿度，达到一定程度形成降雨，又补给地表。

植物能增加空气湿度

植物能保持水土

植物能改善气候，植物繁茂的地方气候较为适宜，植物稀少甚至没有植被的地区的气候会非常恶劣。如我国西部地区，植被稀少，沙尘暴频发。植物能降低气温，如夏季乡村的气温一般比城市低，这主要是因为乡村的植物比城市更茂密。在道路附近的植被可以减弱噪声，吸收有害气体，净化空气。

植物能改善气候

道路两旁的植物

植物在城市绿化和园林艺术中是不可缺少的元素。城市里高楼林立，人们工作生活节奏快，居住环境缺乏自然美，易使人产生疲惫感、紧张感，因而城市居民渴望拥抱自然，呼吸新鲜空气，这已成为一种生活风尚。一个空气干净、环境美丽、生态安全、人居和谐的现代化城市是市民所迫切需要的，因此城市绿化就显得尤为重要。把大量具有自然气息的绿色植物引进城市，按照景观园林的审美和要求移植栽种合适绿植，就能形成美好和谐的人居自然景观。通过城市绿化创造美好的城市景观，在一定程度上能促进人们的身体健康，有益于人们和谐均衡发展。

植物小百科

玉米，属被子植物门、单子叶植物纲，俗称苞谷、苞米棒子、玉蜀黍、珍珠米等。玉米原产于中美洲和南美洲，16世纪传入中国，是世界重要的粮食作物之一。

玉米

第6章

植物与人类生活的关系

6.1 植物与人类的关系

问题探讨

植物是自然界赋予人类最珍贵的财富，它们为人类的生存和发展提供了条件。植物与人类的生活息息相关，人类的衣、食、住、行等方面都离不开植物，人类社会中各行各业的发展几乎都离不开植物。

讨论：你能说出身边常见的植物的名字吗？它和我们的生活有什么关系？

据估计，植物现存大约有 350 000 个物种，可以分为藻类植物、苔藓植物、蕨类植物、种子植物四大类群。昆十中求实校园里也有各种各样的植物，你知道这些植物属于哪个类群吗？这些植物与我们的生活有什么关系呢？让我们一起来了解每个类群的植物特征吧！

6.1.1 藻类植物

藻类植物是一类比较原始、古老的低等生物。藻类植物的构造简单，没有根、茎、叶的分化，多为单细胞或多细胞的叶状体。藻类植物含叶绿素等光合色素，能进行光合作用，是自养型生物。

大部分生活在海洋中的藻类植物可供食用，如常见的海带、紫菜、裙带菜等。海带中的碘对预防和治疗甲状腺肿有特别疗效。念珠藻属、鱼腥藻属的一些种能将大气中的氮气固定为可利用的含氮化合物，能增加稻田的肥力，可作为生物肥料。

海带

紫菜汤

6.1.2 苔藓植物

苔藓植物一般生长在阴暗潮湿的地方，如潮湿的石面、土表或树干上，常成片生长。苔藓植物通常比较矮小，低级的种类多为扁平的叶状体，比较高级的种类有茎、叶的分化，没有真正的根，但具有假根可以固着植物体。

苔藓植物的茎、叶具有很强的吸水、保水能力。苔藓植物可以作为盆景覆盖物或观赏植物，装饰盆景、庭园。在园艺上常用于包装运输，或作为播种后的覆盖物。大金发藓有败热解毒作用，全草能乌发、活血、止血、利大小便；暖地大叶藓对治疗心血管疾病有较好的功效；泥炭藓或其他藓类所形成的泥炭可以用作燃料和肥料。

大金发藓

泥炭藓

6.1.3 蕨类植物

蕨类植物又称羊齿植物，植物体有根、茎、叶的分化。有初生结构构成的维管组织，它们按一定的方式形成中柱。木质部中含有管胞，用来运输水分和无机盐；韧皮部中含有筛胞，用来运输有机物。除极少数原始种类仅具假根外，绝大多数蕨类植物具有吸收能力较强的不定根。

蕨类植物的部分种类可食用，如蕨的根状茎富含淀粉，称蕨根粉，也可酿酒。一些蕨类植物是优质肥料和饲料，如槐叶苹可作为绿肥，同时也是家畜、家禽的饲料。有些蕨类植物是重要的中草药，如卷柏可用来外敷，治刀伤出血，还可以治湿热、黄瘟、水肿、吐血等症；贯众的根状茎可治虫积腹痛、流感等症，亦用作除虫农药；金毛狗脊的鳞片能治刀伤出血等。肾蕨、铁线蕨、凤尾蕨等在温室、庭院、盆景中广泛栽培，可美化居室环境。

槐叶苹

贯众

卷柏

肾蕨

6.1.4 种子植物

种子植物分为裸子植物和被子植物。据统计，目前全世界生存的裸子植物约有850种，隶属于79属和15科，其种数虽仅为被子植物种数的0.36%，但分布于世界各地，特别是在北半球的寒温带和亚热带的中山至高山带，常组成大面积的各类针叶林。

裸子植物作为森林生态系统的重要组成部分，对人类的生存环境具有极其重大的意义。大多数松柏类针叶林材质优良，多用于林业生产。我国用于建筑、枕木、造船、制纸、家具等领域的大量木材，大部分是松柏类，如东北的红松、南方的杉木。红豆杉材质细致，防腐力强，为水上工程优良木材。森林的副产品如松节油、松香、单宁、树脂等，具有重要的用途。金钱松树皮入药可治顽癣和食积等症，种子可榨油。柏木

红豆杉

枝叶及种子可提取润滑油。银杏、华山松、红松等的种子可食用。红豆杉可提取抗癌药物。麻黄是著名的药材。苏铁的茎内富含淀粉，可供食用；其种子含油和丰富的淀粉，可供食用和药用，有治痢疾、止咳及止血的功效。很多裸子植物终年常绿，树形优美，如雪松、侧柏等，可用来美化庭园、绿化环境。苏铁、银杏在我国各大城市广泛栽培，可作行道树及园林绿化树种。

银杏

苏铁

雪松

被子植物是当今世界植物界中进化最高、种类最多、分布最广、适应性最强的类群。现知全世界被子植物共有 20 多万种，占植物界总数的一半以上。中国已知的被子植物 2 700 多属，3 万余种。被子植物与人类有着极为密切的关系，如中国的被子植物可提供食物的达 2 000 余种；果树有 300 多种；花卉植物数不胜数；药用被子植物有 10 027 种（含种以下分类单位），占中国药用植物总数的 90%，是药用种类最多的类群，绝大多数中药均来自被子植物。

人类的衣、食、住、行等各个方面都离不开被子植物。人类的绝大部分食物和很大一部分纺织用的纤维都来自被子植物。例如，粮食作物有小麦、水稻、玉米、高粱、燕麦、大麦等；果品有苹果、桃、杏、梨、西瓜等；能够制成纤维的有棉、竹、麻等；还有很多被子植物可以作为蔬菜、油料、糖、茶、药材、香料、装饰品等资源。

被子植物还具有一定的医疗保健作用，如鲜花有延缓衰老、淡化皱纹、养颜润肤等功效。很多被子植物具有很高的观赏价值，可以美化装饰人们的生活，如海棠、山茶、蓝花楹、红枫、梅花、樱花、桂花等。

海棠花

蓝花楹

梅花

樱花

叶子花

飘香藤

报春花

桃花

通过以上内容的学习，相信同学们已经大概了解了植物的各个类群及其与人类生活的关系。接下来让我们一起来看看我们美丽的校园里都有哪些植物，这些植物属于哪个类群，它们在我们生活中有哪些作用。

探究 · 实践

调查校园植物与人类生活的关系

你知道我们的校园里有哪些植物吗？这些植物属于哪个类群？你可以在校园里任意选取你喜欢的10种植物，对它们进行分类，并通过查阅资料尝试说出它们与人类生活的关系。

调查目的：

通过对校园常见植物进行分类和查阅相关资料，初步了解植物的分类情况及它们与人类生活的关系。

材料准备：

调查表、图书等相关资料。

调查步骤：

同学分组→确定各组调查区域→展开调查→选取植物→查阅资料→填写调查表（将调查结果记录在下表中）。

校园常见植物与人类生活的关系

植物名称	所属类群	与人类生活的关系

续表

植物名称	所属类群	与人类生活的关系

注意事项：

1. 在调查过程中不能攀爬植物，不能随意采摘花果，或者折断植物。遇到学校的孔雀、灰雁等动物时注意避让。

2. 不要独自一人行动，不单独到水边，注意安全。

3. 可以到学校图书馆查阅资料，也可以上网查询。

植物小百科

枇杷，属被子植物门、蔷薇科、枇杷属，因其叶形似琵琶而得名，小枝粗壮，有灰棕色茸毛，叶片呈倒披针形，叶柄有灰棕色茸毛，圆锥花序顶生，花萼筒呈浅杯状，果实呈球形或长圆形。枇杷果味酸甜，供鲜食、蜜饯与酿酒用；树叶晒干去毛可供药用，有化痰止咳、和胃降气之效；木材红棕色，可制作木梳、手杖、工艺品等。

枇杷

6.2 与植物相关的职业简介

植物在我们生活中随处可见，它们为我们提供食物、净化空气、美化环境等。同样，我们也要为保护植物做出贡献，由此出现了很多与植物相关的职业。

6.2.1 植物学家

植物学家，泛指研究植物的形态、分类、生理、生态、分布、发生、遗传、进化等方面的科学家。植物学家研究的目的在于更好更合理地开发、利用、改造和保护植物资源，让植物为人类提供更多的食物、纤维、药物、建筑材料等。

我国著名的植物学家有钟观光、蔡希陶、方文培和吴征镒等，他们都在各自的研究领域取得了重要成就。

蔡希陶创建了中国第一个热带植物园，即现在的中国科学院西双版纳热带植物园。

吴征镒编著了《中国植物志》《云南植物志》《西藏植物志》等，以其名字命名的植物有 3 种，分别为“征镒冬青”、“征镒卫矛”和“征镒麻”。

植物学家可以研究植物病害、遗传，寻找新的医疗用途，或是研制与植物相关的产品。

要当植物学家，高中时就要选修相关学科，在暑假或课余时间从事与生物相关的工作。大学时要主修植物学，并且参与或者主持植物学相关的科学研究。上述经验可以帮助你找到兴趣所在，也能从中得到宝贵的研究经验。

6.2.2 园艺工作者

园艺工作者的工作不只是种植植物，还包括设计观赏花园、兴建果园、保护植物品种等。园艺工作者需要了解常见植物对水、阳光、土壤、营养物质的需要。优秀的园艺工作者不但要从书本中获取知识，更要亲身体验学习，要有敏锐的观察力。

吴耕民是我国著名园艺学家、园艺教育家，是中国近代园艺事业的奠基人之一。吴耕民一生著作甚丰，著有《果树园艺通论》《中国蔬菜栽培学》《果树修剪学》等，是中国园艺学会成立发起人之一。他毕生致力于园艺教育，参加创建我国首批高等院校园艺系，培养了我国几代园艺人才。

如果你有心往这方面发展，越早在花园工作越好。如果家中没有花园，社区公园随时欢迎志愿者；其他如营利性的花圃或园林，有时也需要全职或兼职人手。

6.2.3 园林设计师

园林设计师可以为社区或民间营利单位设计公园、公共花圃。从事这项工作需要有关于植物方面的专业知识以及审美能力。许多院校都设有园林设计专业。

世界著名园林设计师有彼得·沃克、皮耶特·奥多夫、仙田满等，我国著名园林设计师有何昉、陈跃中、刘滨谊、俞孔坚等。

彼得·沃克是美国著名园林设计师，极简主义园林的代表者，著作有《看不见的花园》《极简主义庭园》。

皮耶特·奥多夫是荷兰著名花园设计师、园丁和作者。他在设计中注重植物的结构美，强调植物全生命周期的美。

我国著名的苏州古典园林，亦称“苏州园林”，是位于江苏省苏州市境内的中国古典园林的总称，以拙政园、留园为代表，在世界造园史上具有独特的历史地位和极高的艺术价值，被誉为“咫尺之内再造乾坤”，被评为中国十大风景名胜之一，是中华园林文化的骄傲。

拙政园位于苏州姑苏区东北街，占地 5.2 万平方米，是苏州最大的一处园林，也是苏州园林的代表作，明正德年间（1506—1521 年）由御史王献臣聘请当时的大画家文征明出任私家园林总设计师修建而成。

拙政园一景

留园，原为明代徐泰时的东园，清代归刘蓉峰所有，改称“寒碧山庄”，俗称“刘园”。清光绪二年（1876 年），为盛康所据，始称“留园”。留园建筑数量较多，其空间处理之突出居苏州诸园之冠，体现了古代造园家的技艺和智慧。

留园一景

6.2.4 花艺师

花艺师又称花艺设计师，他们通过花材的排列组合让花变得更加赏心悦目，体现花中蕴含的微妙心思，形成花艺的独特语言，供人欣赏解读。

花艺师可以分为自由花艺师和职业花艺师两类。自由花艺师一般以兼职为主，在设计风格上有自己的独到特色，有与众不同的业务能力。职业花艺师通常专职于某个公司或机构。

除了上述与植物相关的职业外，还有植物育种学家、作物遗传育种学家、植物细胞遗传学家等多种相关职业。你还知道哪些与植物相关的职业及著名人物呢？不妨和同学们分享交流一下吧！

探究·实践

园艺师体验

园艺师只是种种植物、修剪花草树木吗？关于园艺师的工作你又了解多少呢？让我们一起来实地体验吧！

实验目的：

通过园艺师职业体验与志愿服务活动，体验园艺师工作的辛苦与快乐，培养务实、精益求精的良好品质，培养珍惜园艺工作者的劳动成果、爱护校园花草树木的优秀品德。

实验材料：

各类树苗、花苗若干，化肥，铲子、锄头、喷壶等工具。

实验步骤：

同学报名→进行分组→划分区域→进行分工（一些小组修剪树木，一些小组补种树苗，一些小组栽种花苗）→施肥浇水→清理剩余材料和产生的垃圾。

实验结果：

请将体验感受写下来并在全班进行交流分享。

植物小百科

杨梅，又名龙睛、朱红，属被子植物门、杨梅科、杨梅属，常绿乔木，在我国很多地区均有分布。杨梅因形似水杨子，味道似梅子，故得名。杨梅果实是核果球形，外表面有乳头状突起；果色有红、紫、白、粉红等色，具有很高的药用和食用价值。

杨梅

参考文献

[1] 人民教育出版社课程教材研究所生物课程教材研究开发中心 . 生物学 [M]. 北京：人民教育出版社，2012.

[2] 魏瑶 . “共生共融”花坛万众瞩目 350 万盆鲜花扮靓昆明，首善标准共襄“春城之邀”[J]. 绿化与生活，2021（11）：22–28.

[3] 徐清林，马鸣岳，王利成，等 . 探究植物价值在现代景观设计中的应用 [J]. 轻纺工业与技术，2020，49（3）：41–43.

[4] 张娇娇 . 橡胶经济的衰落与生计转型 [D]. 昆明：云南大学，2017.

[5] 李名扬 . 园林植物栽培与养护 [M]. 重庆：重庆大学出版社，2016.

[6] 孙晓莉 . 清代云南医药研究 [D]. 昆明：云南大学，2016.

[7] 姜庆娟 . 浅谈城市园林绿化的意义和功能 [J]. 科技资讯，2013（16）：213.

[8] 王志英 . 论植物的药用保健价值 [J]. 现代养生，2010（5）：59–60.

[9] 尤金・N 安德森 . 中国食物 [M]. 马孆，刘东，译 . 南京：江苏人民出版社，2003.